普通高等教育人工智能系列教材

人工智能技术及应用

张文安　杨旭升　付明磊　胡　佛　编著

机械工业出版社

本书以 AIBox 嵌入式平台作为人工智能（AI）硬件平台、以 Ubuntu 作为嵌入式操作系统、以 Facebook 公司的 PyTorch 框架作为深度学习设计框架，设计了摄像头模糊检测项目、行人检测项目、车道线检测项目和人脸检测项目 4 个人工智能实践项目，实现了"国产人工智能硬件平台+人工智能开放平台"的无缝组合。

本书以案例教学为特色，注重人工智能技术与图像处理技术的融合。本书核心内容既包含必要的人工智能基础知识，例如素材采集与标注、深度学习的建模与调试等，又包含人工智能开发的软件环境和人工智能技术应用方法，如 Linux 系统的安装与基本操作、PyTorch 的使用、图像识别功能的实现和目标检测功能的实现等。

本书既可以作为高等院校人工智能、自动化和智能科学与技术等相关专业的本科生、研究生的教材，也可以作为对人工智能感兴趣的技术人员的参考书。本书提供全部的电子课件和项目代码，以便读者在教学、自学过程中使用，帮助读者全面了解项目的技术细节。

图书在版编目（CIP）数据

人工智能技术及应用 / 张文安等编著. -- 北京：机械工业出版社, 2024.8. -- (普通高等教育人工智能系列教材). -- ISBN 978-7-111-76571-4

Ⅰ. TP18

中国国家版本馆 CIP 数据核字第 2024BX5377 号

机械工业出版社（北京市百万庄大街22号　邮政编码100037）
策划编辑：余　皞　　　　责任编辑：余　皞　赵晓峰
责任校对：闫玥红　刘雅娜　　封面设计：张　静
责任印制：任维东
北京中兴印刷有限公司印刷
2024年11月第1版第1次印刷
184mm×260mm・17.25印张・426千字
标准书号：ISBN 978-7-111-76571-4
定价：59.00 元

电话服务	网络服务
客服电话：010-88361066	机 工 官 网：www.cmpbook.com
010-88379833	机 工 官 博：weibo.com/cmp1952
010-68326294	金 书 网：www.golden-book.com
封底无防伪标均为盗版	机工教育服务网：www.cmpedu.com

前 言

1. 为何写作这本书

人工智能是新一轮科技革命和产业变革的重要驱动力量，也是引领新一轮科技革命和产业变革的战略性技术，溢出带动性强。在移动互联网、大数据、超级计算、传感网和脑科学等新理论新技术的驱动下，人工智能加速发展，呈现出深度学习、跨界融合、人机协同、群智开放和自主操控等新特征，正在对经济发展、社会进步等产生重大而深远的影响。

当前，我国经济已由高速增长阶段转向高质量发展阶段，正处在转变发展方式、优化经济结构和转换增长动力的攻关期，迫切需要新一代人工智能等重大创新增添动力。把握新科技革命浪潮，加快人工智能研发和应用推广，是我们赢得全球科技竞争主动权的重要战略抓手，是推动我国科技跨越发展、产业优化升级、生产力整体跃升的重要战略。深入把握新一代人工智能发展的特点，把握数字化、网络化、智能化融合发展契机，在质量变革、效率变革、动力变革中发挥人工智能作用，加强人工智能和产业发展融合，将为高质量发展提供新动能。同时，加快发展新一代人工智能，有利于满足人民美好生活需要，推动人工智能在人们日常工作、学习和生活中的深度运用，创造更加智能的工作方式和生活方式。

诚如各界所认识到的，人工智能的发展，需要算法、算力和数据作为基础支撑，需要科学的顶层设计与协同推进，需要持续的技术攻关和研发创新，这些都缺一不可，但不能忽视、也必须首先看到的是：与先前的多次人工智能浪潮不同，本轮人工智能发展最大的特点之一是人工智能技术与应用实践的紧密结合。因为有了典型而丰富的应用实践，人工智能才能走出理论设想，走出象牙塔，走出实验室，走入大众的视野和认知，渗透社会的方方面面。

在此背景之下，本书希望能够为我国人工智能、智能科学与技术、计算机科学与技术、自动化等与人工智能应用实践密切相关的专业人才培养贡献一份微薄的力量。本书详细介绍了基于 AIBox 硬件系统和 Facebook 公司 PyTorch 深度学习框架的人工智能项目开发过程，详细剖析了人工智能开发实践所需的基本知识与技术实现过程。本书编写的初衷是为了总结我们近年来在人工智能软硬件系统开发和部署方面的实践教学建设成果，向本领域初学者和开发人员分享我们的一些学习经验。

本书的编写特色如下：

特色 1 本书以国产人工智能硬件平台为实践项目开发平台，实现了人工智能技术与嵌入式系统技术的有机组合，融入了图像处理、智能感知的元素。本书既体现了人工智能、智能科学与技术、自动化等交叉融合专业的特色，又展现了国产技术和产品的优秀性能，有利于激发学生的民族自豪感和自信心，有利于培养学生科技报国的家国情怀和使命担当。

特色 2 本书服务于专业综合实践教学的实际需求,以案例式教学为授课方式,体现了"学生中心、产出导向、持续改进"的教育理念。本书能够帮助任课教师从教学目标、教学内容、教学方式和考核方法等方面推进课程思政教育,提高人才培养质量,全面贯彻党的教育方针。

特色 3 本书提供的 4 个人工智能实践项目来自于图像处理或者汽车电子的实际应用场景,生动形象,趣味性强,有利于激发学生的学习兴趣,提升学生对专业培养的满意度和认同感,体现了创新创业教育新范式。

2. 如何阅读这本书

本书内容包含 8 个章节,按照知识结构,可以划分为 3 个部分。读者既可以按照章节顺序逐步学习,也可以选择其中部分章节单独学习。任课教师可以根据实验设备和课程学时的具体情况安排教学和实验内容,本书建议的学时安排如图 1 所示。

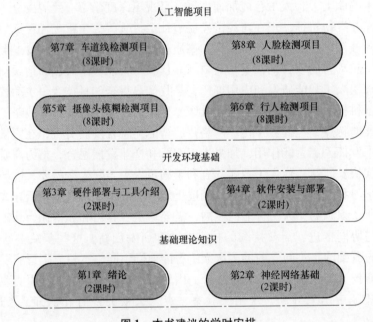

图 1 本书建议的学时安排

第一部分是本书的第 1 章和第 2 章,主要介绍人工智能、机器学习和深度学习的基本概念和发展历程、深度学习常用编程语言和框架、神经网络生物学基础知识、卷积神经网络基础知识等。第一部分内容是本书的人工智能基础理论知识,以具体的深度学习方法为示例,帮助读者建立从理论到应用的联系。

第二部分是本书的第 3 章和第 4 章,其中第 3 章主要介绍 AIBox 硬件系统搭建和调试;第 4 章主要介绍 Ubuntu 的安装及其他必要的环境配置等。第二部分内容是本书的开发环境基础,帮助读者熟悉和掌握人工智能软硬件开发环境的配置。

第三部分是本书的第 5 章~第 8 章。其中第 5 章主要介绍摄像头模糊检测项目的数据获取、模型训练、模型量化、项目源码分析、项目部署和测试结果,第 6 章主要介绍行人检测项目的数据获取、模型训练、模型转换、模型量化和项目部署,第 7 章主要介绍车道线检测项目的素材采集与标注、环境搭建、模型训练、模型量化和项目部署，第 8 章主要介绍人脸检测项目的素材采集与标注、环境搭建、模型训练、模型量化、源码解析和项目部署。第三部分是本书中人工智能方法的实践应用案例，以 AIBox 硬件系统、嵌入式开发平台和 PyTorch 框架为工具，帮助读者熟悉和掌握人工智能算法在图像处理、汽车电子等领域的项目落地部署知识，从而让理论和应用实践紧密结合在一起。

致谢

首先感谢国家重点研发计划"政府间国际科技创新合作"重点专项项目（2022YFE0121700）、国家自然科学基金项目（62111530299）和浙江省自然科学基金重大项目（LD21F030002）为本书提供资金支持。

感谢人机协作技术浙江国际科技合作基地、智能感知与系统教育部工程中心和浙江省嵌入式系统重点实验室为本书提供的研究支持条件。

感谢浙江工业大学控制科学与工程一级学科和浙江工业大学自动化专业为本书提供的大力帮助。

本书由张文安、杨旭升、付明磊、胡佛编著。另外，为本书编著提供了帮助的还有来自浙江工业大学信息工程学院的钱梦圆、陆家淇、王晨、张齐、邵嘉琪、王振彬、何深朗和俞骏等，以及来自杭州鸿泉物联网技术股份有限公司的季华、朱海荣、胡仁伟、罗芙荣、汪寒和郭闯等。

由于本书编著人员的水平有限，书中难免存在错误和不足之处，恳请各位读者批评指正。我们将严肃认真对待大家的批评和建议，进一步完善本书的内容。

编著者

目 录

前言
第1章 绪论 1
  1.1 人工智能 2
  1.2 机器学习 7
  1.3 深度学习 9
  1.4 Python 语言和深度学习框架 12
  1.5 课后习题 16
第2章 神经网络基础 17
  2.1 生物神经网络和神经元模型 18
  2.2 人工神经网络 19
  2.3 卷积神经网络 21
  2.4 课后习题 36
第3章 硬件部署与工具介绍 37
  3.1 硬件介绍 38
  3.2 工具介绍 41
  3.3 模型量化和推理 54
  3.4 课后习题 63
第4章 软件安装与部署 64
  4.1 环境依赖搭建 65
  4.2 深度学习网络搭建 98
  4.3 课后习题 131
第5章 摄像头模糊检测项目 132
  5.1 数据获取 134
  5.2 模型训练 139
  5.3 模型量化 147
  5.4 项目源码分析 156
  5.5 项目部署 166
  5.6 测试结果 168
  5.7 课后习题 169

目　录

第 6 章　行人检测项目 170
6.1　数据获取 171
6.2　模型训练 176
6.3　模型转换 196
6.4　模型量化 197
6.5　项目部署 199
6.6　课后习题 207

第 7 章　车道线检测项目 208
7.1　素材采集与标注 209
7.2　环境搭建 210
7.3　模型训练 212
7.4　模型量化 227
7.5　项目部署 231
7.6　课后习题 238

第 8 章　人脸检测项目 239
8.1　素材采集与标注 240
8.2　环境搭建 244
8.3　模型训练 245
8.4　模型量化 254
8.5　源码解析 256
8.6　项目部署 261
8.7　课后习题 266

参考文献 267

1.1 人工智能

1.1.1 什么是人工智能

人工智能（Artificial Intelligence，AI）是当今科技领域最热门的话题之一，正深刻地改变着人们的工作和生活。

维基百科对人工智能的描述是：人工智能是机器或软件的智能，而不是人类或动物的智能。它属于计算机科学中开发和研究智能机器的研究领域。人工智能也可以指机器本身。人工智能技术被广泛应用于工业、政府和科学领域。一些备受瞩目的应用程序有高级网络搜索引擎［如Google（谷歌）］、推荐系统［用于YouTube、亚马逊和Netflix（网飞）］、理解人类语音［如Siri（语言识别接口）和Alexa］、自动驾驶汽车（如Waymo）、生成或创意工具（如ChatGPT和Midjourney），以及在策略游戏（如国际象棋和围棋）中进行最高级别的竞争。

大英百科全书对人工智能的描述是：人工智能是指数字计算机或计算机控制的机器人执行通常与智能生物相关的任务的能力。该术语经常用于开发具有人类智力过程特征的系统的项目，如推理、发现意义、概括或从过去的经验中学习的能力。自20世纪40年代数字计算机发展以来，已经证明计算机可以被编程来执行非常复杂的任务，如发现数学定理的证明或下棋。尽管计算机的处理速度和内存容量不断进步，但目前还没有任何程序能够在更广泛的领域或需要大量日常知识的任务中与人类的灵活性相匹配。另一方面，一些程序在执行某些特定任务时已经达到了人类专家和专业人员的性能水平，因此在医学诊断、计算机搜索引擎、语音或手写识别及聊天机器人等各种应用中都可以找到这种有限意义上的人工智能。

1.1.2 人工智能的发展历史

追溯历史，人类对人工智能的研究始于古代的哲学家和数学家对机械或形式推理的研究，其中对逻辑理论的研究工作直接启发了艾伦·麦席森·图灵（Alan Mathison Turing）的计算理论。该理论认为：机器通过打乱"0"和"1"这样简单的符号，可以模拟数学推导和形式推理。随着计算理论、控制论和信息论的提出，研究人员开始考虑建立"电子大脑"的可能性。第一篇后来被认为是"人工智能"的论文是1943年麦卡鲁奇（McCulloch）和皮茨（Pitts）所设计的图灵完备（Turing Complete）的"人工神经元"。

人工智能发展的现代历程可以分为三个阶段，每一个阶段都带来了重要的理论与技术突破。

1. 第一阶段（20世纪40—80年代）：符号主义

人工智能第一阶段主要集中在对基础理论和推理方法的研究。早期的人工智能研究注重物理符号系统（Physical Symbol System）、逻辑推理和问题求解。研究人员试图通过构建符号系统模拟人脑的智能思维过程。他们使用逻辑和形式化的方法，试图利用推理规则解决问题。这个阶段的代表性成果之一是逻辑推理的机器理论。研究人员将人类的推理过程转化为形式逻辑和数学模型，并通过计算机程序实现了一些基本的推理和问题求解。另外，归结方法也是这个阶段的一个重要成果，它被用于推理和证明定理。

（1）标志性成果或事件　这一阶段的标志性成果或事件主要有以下六个。

1）1936年图灵提出了图灵机的概念。它是一种理论构想，帮助人们理解和研究计算的本质。它也提供了思考和解决各种计算和智能问题的基础，对计算机和人工智能的发展产生了深远影响。

2）1950年图灵提出了图灵测试的概念。该测试可以评估一台计算机是否能够表现出与人类智能相媲美的行为，其目的是探讨计算机是否能够模拟人类的思维过程和行为。图灵测试因此成为衡量人工智能研究的重要标准之一。

3）1956年8月，在美国汉诺斯小镇宁静的达特茅斯学院中，约翰·麦卡锡（John McCarthy）、马文·明斯基（Marvin Minsky）、克劳德·艾尔伍德·香农（Claude Elwood Shannon）、艾伦·纽厄尔（Allen Newell）和赫伯特·亚历山大·西蒙（Herbert Alexander Simon）等科学家正聚在一起，讨论着一个完全不食人间烟火的主题：用机器模仿人类学习及其他方面的智能。会议足足开了两个月，虽然大家没有达成普遍的共识，但是却为会议讨论的内容起了一个名字：人工智能。因此，1956年也就成为了人工智能元年。

4）1958年弗兰克·罗森布拉特（Frank Rosenblatt）和罗伯特·鲍姆（Robert Baum）提出了感知机模型，这是一个简单的神经网络模型。这个模型具有输入和输出层，并通过调整权重学习并对输入数据进行分类，为连接主义奠定了基础。

5）1958年约翰·麦卡锡创造了人工智能程序设计语言LISP，这是第一个专门为人工智能开发设计的语言，其灵活性和表达能力使其在后续研究中得到了广泛应用。

6）1966年约瑟夫·维森鲍姆（Joseph Weizenbaum）开发了ELIZA聊天机器人，这是早期人工智能和自然语言处理领域的里程碑产品。ELIZA基于模式匹配和简单的转换规则，模拟了一个心理咨询师，可以与用户进行基于文本的交互。虽然ELIZA并没有真正的理解或意识，但它能够以一种近乎智能的方式与用户进行会话。尽管ELIZA的原理相对简单，但它展示了如何利用专家知识和推理规则来模拟人类对话的能力，为后来的聊天机器人和自然语言处理技术的发展奠定了基础，并在人工智能研究中具有重要的历史意义。

尽管人工智能在这个阶段取得了一些重要的进展，但由于当时计算机处理能力的限制以及对人脑智能的理解有限，这个阶段并未达到预期的成果。其后的一段时间中，人工智能的发展陷入了低迷期，这段时间被认为是"人工智能的第一个冬天"。然而，这一阶段为后来的人工智能研究奠定了重要的基础。它揭示了人工智能研究的关键问题和挑战，同时也启发了后续研究人员对新的思路和方法的探索。

（2）专家系统　20世纪80年代初，人工智能研究因专家系统的商业成功而复兴。专家系统是一种模拟人类专家知识和分析技能的人工智能程序。到1985年，人工智能市场已经超过10亿美元。与此同时，日本的第五代计算机项目激励了美国和英国政府恢复对学术研究的资助。

这一阶段具有代表性的专家系统包括以下四个。

1）1976年研发的医疗诊断系统MYCIN，专门用于对细菌感染进行诊断和提供治疗建议。它是第一个在临床医学中大规模应用的专家系统，向世人证明了专家系统在复杂领域中的潜力和价值。

2）1980 年数字设备公司（Digital Equipment Corporation，DEC）开发的专家系统 XCON，用于配置和定制计算机系统。它在企业级应用中取得了显著的成功，并推动了专家系统的商业应用。

3）1982 年出现的一款推理引擎 R1（Rule-based Expert System，基于规则的专家系统），具有规则解释、规则执行和规则维护等功能。R1 的设计和实现，为后来的专家系统开发工具提供了范例和基础。

4）1983 年研发的 PROSPECTOR 专家系统，专门用于矿产勘探和资源评估。它使用地质数据和领域专家知识预测矿藏的位置和价值。

然而，从 1987 年 LISP 机器市场的崩溃开始，人工智能的发展再次陷入低谷，第二个更持久的冬天开始了。许多研究人员开始怀疑，目前的实践是否能够模仿人类认知的所有过程，尤其是感知、机器人、学习和模式识别。许多研究人员开始研究亚符号（Sub-symbolic）方法。罗德尼·布鲁克斯（Rodney Brooks）等机器人研究人员普遍拒绝"代表性"，而是直接关注移动和生存的工程机器。朱迪亚·珀尔（Judea Pearl）、拉特飞·扎德（Lotfi Zadeh）和其他人开发了通过合理猜测而不是精确逻辑处理不完整和不确定信息的方法。最重要的发展是连接主义的复兴，包括杰弗里·辛顿（Geoffrey Hinton）等人的神经网络研究。1990年，杨立昆成功地证明了卷积神经网络（CNN）可以识别手写数字，这是神经网络许多成功应用中的第一个。

2. 第二阶段（20 世纪 90 年代—21 世纪初）：**连接主义**

人工智能进入连接主义时代，这一阶段的人工智能发展主要以神经网络和机器学习为特征，主要围绕着模拟神经元的连接和规则实现智能。在这个阶段，人工智能领域开始注重对大规模并行处理和分布式计算的探索，与传统的基于符号推理的方法相比，连接主义更加侧重于通过模仿大脑神经结构和学习机制实现智能。

（1）主要特征　连接主义阶段有以下四个主要特征。

1）神经网络：一种基于生物神经元相互连接的学习模型，通过训练和调整神经元之间的连接权重模拟信息处理过程。

2）分布式并行处理：通过多个神经元或神经网络同时工作加速机器学习和决策过程。分布式并行处理方式有助于处理大量数据和复杂的问题。

3）学习和自适应：神经网络通过反向传播算法（Back Propagation algorithm，BP）等进行训练，自动调整连接权重以优化模型的性能。这种学习机制使得连接主义人工智能能够从大量数据中自动提取特征和规律，从而通过训练和学习提高系统的性能和适应性。

4）非线性模型：与传统的符号推理方法相比，连接主义更倾向于使用非线性模型。神经网络可以通过堆叠多层神经元实现复杂的非线性映射，从而提高对真实世界问题的建模能力。

总的来说，连接主义阶段的核心在于模拟神经网络和机器学习，通过构建多层神经元网络并运用分布式并行处理实现智能。这个阶段的研究为人工智能领域的进一步发展奠定了基础，并为后来的深度学习等技术铺平了道路。

（2）代表性事件　这一阶段的主要代表性事件有以下两个。

1）1986 年 David Rumelhart、Geoffrey Hinton 和 Ronald Wllians 等人在论文中展示了反向

传播算法,该算法有时被称为误差逆传播算法,它是连接主义中实现神经网络训练和学习的核心算法。这个算法能够有效地计算误差和调整神经网络中的连接权重,使得神经网络能够逐渐优化其性能。

2) 1989 年 Andrew Ng 等人在卡内基梅隆大学开展了 ALVINN(Autonomous Land Vehicle in a Neural Network,基于神经网络的无人驾驶陆地车辆)项目。该项目使用神经网络训练自动驾驶汽车,并成功地实现了道路的识别和转向控制,标志着连接主义在实际应用中的突破。

人工智能在 20 世纪 90 年代末和 21 世纪初通过利用形式数学方法和找到特定问题的具体解决方案逐渐走出了低谷,并与其他领域(如统计学、经济学和数学)合作。到 2000 年,人工智能研究人员开发的解决方案被广泛使用,尽管在 20 世纪 90 年代,它们很少被称为人工智能。

3. 第三阶段(21 世纪初至今):**深度学习**

深度学习从 2012 年开始主导人工智能行业基准。深度学习的成功既基于硬件改进(如更快的计算机、图形处理单元和云计算),也基于对大量数据的访问(包括精心策划的数据集,如 ImageNet)。深度学习的成功导致人们对人工智能的兴趣和投入的资金大幅增加。2015—2019 年,机器学习研究的数量增长了 50%(以出版物总数衡量)。仅在 2022 年,美国就有约 500 亿美元投资于人工智能。世界知识产权组织(WIPO)有报告称:就专利申请和授权专利数量而言,人工智能是最多产的新兴技术。

(1) 主要特征　这一阶段主要以深度学习方法为基础,试图通过利用大规模数据和强大的计算能力,实现更为先进的人工智能。

这一阶段的人工智能特点和特征主要包括以下四个方面。

1) 深度学习:使用多层次的神经网络结构进行特征提取和表示学习。通过大规模数据的训练,深度学习模型能够自动发现数据中的模式和规律,并实现更复杂的任务和功能。

2) 大规模数据:深度学习方法的成功离不开大规模数据的支持。通过海量的数据训练深度神经网络(DNN),可以提高模型的性能和泛化能力。大规模数据的可用性和存储技术的进步,为深度学习的发展提供了重要的基础。

3) 强大的计算能力:深度学习方法需要大量的计算资源进行训练和推理。随着计算机硬件的发展和云计算的普及,人们能够利用分布式计算和高性能计算平台加速深度学习的训练过程,从而实现更快速和精确的模型训练。

4) 多模态学习:深度学习方法不仅可以处理传统的结构化数据,还可以处理多模态数据,如图像、音频和文本等。通过多模态学习,可以将不同类型的数据进行融合和关联,从而实现更全面、深入的理解和分析。

这一阶段的人工智能广泛应用于各个领域,如图像识别、语音识别、自然语言处理、机器翻译、推荐系统和无人驾驶等。尤其在 2022 年底到 2023 年初如雨后春笋般不断涌现的生成式预训练多模态大模型,以及基于这些大模型之上的人工智能应用开发范式的创新,让人们看到了通用人工智能的希望。

(2) 代表性事件　这一阶段的代表性事件有以下七个。

1) 2012 年谷歌团队的 Alex Krizhevsky 等人参与了 ImageNet 大规模视觉识别挑战赛,利用深度卷积神经网络在图像分类任务上取得革命性突破，引领了深度学习的发展潮流。

2）2016 年 DeepMind 的 AlphaGo（阿尔法围棋）在围棋比赛中击败了世界顶级选手李世石，引发人们对人工智能在复杂决策游戏中的能力和潜力的广泛关注。

3）2017 年谷歌机器学习团队发表了一篇名为"Attention is All You Need"的论文，提出了自注意力机制（Self-attention Mechanism）的概念，即一种基于自注意力机制的神经网络模型，其在自然语言处理领域取得了显著的成果，被广泛应用于机器翻译、文本摘要和问答系统等任务中。自此，谷歌 Transformer 逐渐成为自然语言处理领域的重要研究方向，后续提出的 BERT（Transformer 的双向编码器表示）、GPT（生成式预训练 Transformer）大模型均是基于 Transformer 模型，这些模型在各种自然语言处理任务上都取得了非常好的效果。

4）2022 年 11 月 OpenAI 推出了人工智能聊天机器人程序 ChatGPT，其以文字方式交互，可以用人类自然对话方式进行交互，还可以用于复杂的语言工作，如自动生成文本、自动问答、自动摘要、代码编辑和调试等多种任务。ChatGPT 的出现，标志着人工智能聊天机器人技术的重大进展，为人们提供了更加便捷、高效的获取信息和解决问题的方式。

5）2023 年 3 月 OpenAI 推出 GPT-4 人工智能多模态大模型，其是 GPT-3 的升级版，通过增加更多的训练数据、改进训练算法和调整模型结构等方式，进一步提升了模型的表现力和应用能力。与 GPT-3 相比，GPT-4 具有更高的语言理解能力、更好的文本生成能力、更强的语言交互能力和更广泛的应用场景。GPT-4 不仅支持更长的上下文、更高的精度和泛化能力，同时还支持多模态，如语音识别和图像理解等。

6）2023 年 3 月百度正式发布了人工智能大模型文心一言。基于百度智能云技术构建的大模型文心一言被广泛集成到百度的所有业务中，并且推出了文心 NLP 大模型、文心 CV（计算机视觉）大模型、文心跨模态大模型、文心生物计算大模型和文心行业大模型，且提供了多样化的大模型 API（应用程序接口）服务，可通过零代码调用大模型能力，自由探索大模型技术如何满足用户需求。

7）2023 年 5 月科大讯飞正式发布了星火认知大模型，其具有七大核心能力，即文本生成、语言理解、知识问答、逻辑推理、数学能力、代码能力和多模态能力。

以上这些大模型只是当前众多人工智能大模型中的一小部分，随着技术的不断进步和研究的不断推进，更多更强大的人工智能大模型正在涌现。

1.1.3　人工智能、机器学习、深度学习的关系

为了赋予计算机以人类的理解能力与逻辑思维，人工智能这一学科诞生了。在实现人工智能的众多算法中，机器学习是发展较为快速的一支。机器学习的思想是让机器自动地从大量的数据中学习出规律，并利用该规律对给出的数据做出预测。在机器学习的算法中，深度学习是特指利用深度神经网络的结构完成训练和预测的算法。三者的关系如图 1-1 所示。

机器学习是实现人工智能的途径之一，而深度学习则是机器学习的算法之一。如果把人工智能比喻成人类的大脑，那么机器学习是人类通过大量数据来认知学习的过程，而深度学习则是学习过程中非常高效的一种算法。

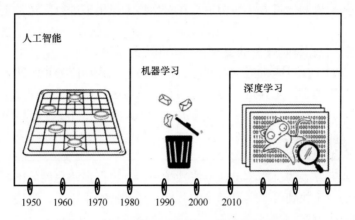

图 1-1　人工智能、机器学习、深度学习的关系

1.2　机器学习

1.2.1　基本概念

（1）定义　机器学习是多学科交叉的，涵盖概率论知识、统计学知识、近似理论知识和复杂算法知识，使用计算机作为工具，致力于真实、实时地模拟人类学习方式，并通过将现有内容进行知识结构划分有效提高学习效率。

机器学习还有下面三种定义：

1）机器学习是一门人工智能科学，该领域的主要研究对象是人工智能，特别是如何在经验学习中改善具体算法的性能。

2）机器学习是对能通过经验自动改进的计算机算法的研究。

3）机器学习是用数据或以往的经验，优化计算机程序的性能的方法。

机器学习目的是让计算机模拟或实现人类的学习行为，以获取新的知识或技能，重新组织已有的知识结构，使之不断完善自身的性能。简单来讲，机器学习就是人们通过提供大量的相关数据训练机器。

在早期的工程领域，机器学习也经常被称为模式识别，但模式识别更偏向于具体的应用任务，如光学字符识别、语音识别和人脸识别等。这些任务的特点是，对于我们人类而言，这些任务很容易完成，但我们不知道自己是如何做到的，因此也很难人工设计一个计算机程序来完成这些任务。一个可行的方法是设计一个算法，让计算机自己从有标注的样本上学习其中的规律，并用来完成各种识别任务。随着机器学习技术的应用越来越广，现在机器学习的概念逐渐替代模式识别，成为这一类问题及其解决方法的统称。

（2）研究方向　作为人工智能的一个研究领域，机器学习主要研究以下三方面问题：

1）学习机理。这是对人类学习机制的研究，即人类获取知识、技能和抽象概念的天赋能力。这一研究将从根本上解决机器学习中的问题。

2）学习方法。研究人类的学习过程，探索各种可能的学习方法，建立起独立于具体应用领域的学习算法。机器学习方法的构造是在对生物学习机理进行简化的基础上，用计算的方法进行再现。

3）学习系统。根据特定任务的要求，建立相应的学习系统。

从计算机算法的角度研究机器学习问题，从生理、生物功能的角度研究生物界，这两者与生物学、医学和生理学，尤其是人类学习问题，有着密切的联系。国际上新兴的脑机接口（Brain-Computer Interface，BCI）就是从大脑中直接提取信号，并经过计算机处理加以应用。

1.2.2 分类及常见算法

几十年来，研究发表的机器学习的方法种类很多，根据强调角度的不同可以有多种分类方法。分类的目的在于找到机器学习算法的共性、个性和适用边界，方便针对特定的问题快速评估出可行的解决方案。

1. 学习形式分类

按照学习形式的不同可以将机器学习算法分为监督学习（Supervised Learning）、非监督学习（Unsupervised Learning）和强化学习（Reinforcement Learning）算法。

（1）监督学习 在监督学习中，用于训练算法的训练集必须包含明确的标识或结果。在建立预测模型的时候，监督学习建立一个学习过程，将预测结果与训练数据的实际结果进行比较，不断地调整预测模型，直到模型的预测结果达到预期的准确率。监督学习的常见应用场景有分类问题和回归问题。常见算法有逻辑回归（Logistic Regression）和反向传播神经网络（Back Propagation Neural Network）。

（2）非监督学习 在非监督学习中，数据并不被特别标识，学习模型是为了推断出数据的一些内在结构。常见的应用场景有关联规则的学习和聚类（Clustering）等，常见算法有Apriori算法和K-Means（K均值）算法。

（3）强化学习 在强化学习中，输入数据直接反馈到模型，模型必须对此立刻做出调整。常见的应用场景有动态系统和机器人控制等，常见算法有Q-Learning（Q学习）和时间差分学习（Temporal Difference Learning）。在自动驾驶、视频质量评估和机器人等领域，强化学习算法非常流行。

2. 任务目标分类

按照任务目标的不同可以将机器学习算法分为回归算法、分类算法和聚类算法。

（1）回归算法 回归算法通过建立变量之间的回归模型，通过学习（训练）过程得到变量与因变量之间的相互关系。回归分析可以用于预测模型或分类模型。常见的回归算法有线性回归（Linear Regression）、非线性回归（Non-linear Regression）、逻辑回归（Logistic Regression）、多项式回归（Polynomial Regression）、岭回归（Ridge Regression）、套索回归（LASSO Regression）和弹性网络回归（ElasticNet Regression），其中线性回归、非线性回归和逻辑回归最为常用。

（2）分类算法 分类算法和回归算法都属于监督学习算法，其中分类算法的目标就是学习数据集的数据特征，并将原始数据特征映射到目标的分类类别。分类算法有K最近邻（K-Nearest Neighbor，KNN）、朴素贝叶斯模型（Naive Bayesian Model，NBM）、隐马尔可夫模型（Hidden Markov Model）、支持向量机（Support Vector Machine）、决策树（Decision Tree）、神经网络（Neural Network）和集成学习（Ada-Boost），其中集成学习是一个混合分类方法。

（3）聚类算法　无监督学习从无标签的数据集中挖掘和发现数据的数理规律，监督学习从有标签的数据集中挖掘和发现数据的数理规律。最终机器学习从数据集中得到的模型具有相当的泛化能力，能够处理新的数据输入，并做出合理的预测。监督学习和无监督学习的最大区别在于数据是否有标签。无监督学习最常应用的场景是聚类。

聚类算法有 K 均值聚类、层次聚类（Hierarchical Clustering）和高斯混合模型（Gaussian Mixture Model）。

3. 学习策略分类

按照学习策略的不同可以将机器学习算法分为演绎学习（Learning by Deduction）、归纳学习（Learning from Induction）和类比学习（Learning by Analogy）等。

（1）演绎学习　学生所用的推理形式为演绎推理。推理从公理出发，经过逻辑变换推导出结论。这种推理是"保真"变换和特化的过程，使学生在推理过程中可以获取有用的知识。这种学习方法包含宏操作（Macro-Operation）学习、知识编辑和组块（Chunking）技术。演绎推理的逆过程是归纳推理。

（2）归纳学习　归纳学习是由教师或环境提供某概念的一些实例或反例，让学生通过归纳推理得出该概念的一般描述。这种学习的推理工作量远多于演绎学习，因为环境并不提供一般性概念描述（如公理）。从某种程度上说，归纳学习的推理量也比类比学习大，因为没有一个类似的概念可以作为源概念加以取用。归纳学习是最基本的、发展也较为成熟的学习方法，在人工智能领域已经得到广泛的研究和应用。

（3）类比学习　利用两个不同领域（源域、目标域）中的知识相似性，通过类比从源域的知识（包括相似的特征和其他性质）推导出目标域的相应知识，从而实现学习。类比学习系统可以使一个已有的计算机应用系统转变适应于新的领域，来完成原先没有设计的相类似的功能。

1.3　深度学习

1.3.1　深度学习简介

深度学习是机器学习领域中一个新的研究方向，它被引入机器学习使其更接近于最初的目标——人工智能。

近年来，深度学习在各种应用领域取得了巨大成功。与传统的机器学习方法相比，深度学习具有更先进的性能。深度学习是学习样本数据的内在规律和表示层次，这些学习过程中获得的信息对如文字、图像和声音等数据的解释有很大的帮助。它的最终目标是让机器能够像人一样具有分析、学习能力，能够识别文字、图像和声音等数据。

深度学习是机器学习的一个极其重要的分支，而机器学习是人工智能的一个分支。深度学习的研究近十年才迎来大幅度的发展。深度学习的概念源于人工神经网络的研究，但是并不完全等于传统神经网络。不过在叫法上，很多深度学习算法中都会包含"神经网络"这个词，例如卷积神经网络、循环神经网络等。所以，深度学习可以说是在传统神经网络基础上的升级，约等于神经网络。

假设深度学习要处理的信息是水流，而处理数据的深度学习网络是一个由管道和调节阀组成的巨大水管网络。网络的入口是若干管道开口，网络的出口也是若干管道开口。这个水管网络有许多层，每一层由许多个可以控制水流流向与流量的调节阀。根据不同任务的需要，水管网络的层数、每层的调节阀数量可以有不同的变化组合。对复杂任务来说，调节阀的总数可以成千上万甚至更多。在水管网络中，每一层的每个调节阀都通过水管与下一层的所有调节阀连接起来，组成一个从前到后，逐层完全连通的水流系统。

下面以识别猫为例进行介绍。当计算机看到一张包含猫的图片，就简单将组成这张图片的所有数字（在计算机里，图片的每个颜色点都是用"0"和"1"组成的数字来表示的）全都变成信息水流，从入口灌进水管网络。

预先在水管网络的每个出口都插一个对应的类别，例如此处有两个类别，一个是猫，一个是狗。因为输入的是包含猫的图片，等水流流过整个水管网络，计算机就会跑到管道出口位置去看一看，是不是标记猫的管道出口流出来的水流最多。如果是这样，就说明这个管道出口符合要求；如果不是这样，就调节水管网络里的每一个流量调节阀，尽量让猫对应的出口流出的水最多。

为了使结果符合料想，计算机需要调节非常多的调节阀。好在如今计算机的速度快，暴力的计算加上算法的优化，总是可以很快给出一个解决方案，调好所有调节阀，让出口处的流量符合要求。与训练时做的事情类似，未知的图片会被计算机转变成数据的水流，灌入训练好的水管网络。这时，计算机只要观察一下，哪个出口流出来的水流最多，这张图就属于哪个对应的类别。

深度学习大致就是这样一个用人类的数学知识与计算机算法构建起来的整体架构，再结合尽可能多的训练数据和计算机的大规模运算能力调节内部参数，尽可能逼近问题目标的半理论、半经验的建模方式。

1.3.2 深度学习应用

在计算能力已经日益廉价的今天，通过深度学习构建起很多又大又复杂的神经网络，神经网络大量参数对细节信息的准确捕捉，也使得各类丰富应用如雨后春笋一般蓬勃发展。下面简单介绍一下深度学习的常见应用。

1. 计算机视觉

（1）目标检测　目标检测（Object Detection）是当前计算机视觉和机器学习领域的研究热点之一，核心任务是筛选出给定图像中所有感兴趣的目标，确定其位置和大小。其中难点便是遮挡、光照和姿态等造成的像素级误差，这是目标检测所要挑战和避免的问题。现如今深度学习中一般通过搭建深度神经网络提取目标特征，利用 ROI（感兴趣区域）映射和 IoU（交并比）确定阈值以及 RPN（区域候选网络）统一坐标回归损失和二分类损失来联合训练。

（2）语义分割　语义分割（Semantic Segmentation）旨在将图像中的物体作为可解释的语

义类别，该类别由深度神经网络学习的特征聚类得到。和目标检测一样，在深度学习中需要 IoU 作为评价指标评估设计的语义分割网络。值得注意的是，语义类别对应于不同的颜色，生成的结果需要和原始的标注图像相比较，较为一致才能算是一个可分辨不同语义信息的网络。

（3）超分辨率重建　超分辨率重建（Super Resolution Construction）的主要任务是通过软件和硬件的方法，从观测到的低分辨率图像重建出高分辨率图像，这样的技术在医疗影像和视频编码通信中十分重要。该领域一般分为单图像超分和视频超分，一般在视频序列中通过该技术解决丢帧、帧图像模糊等问题，单图像超分中主要为了提升细节和质感。在深度学习中一般采用残差形式网络学习双二次或双三次下采样带来的精度损失，以提升大图细节。对于视频超分一般采用光流或者运动补偿来解决丢帧图像的重建任务。

（4）行人重识别　行人重识别（Person Re-identification）也称行人再识别，是利用计算机视觉技术判断图像或者视频序列中是否存在特定行人的技术。其被广泛认为是图像检索的子问题，核心任务是给定一个监控行人图像，检索跨设备下的该行人图像。现如今一般人脸识别和该技术进行联合，用作人脸识别的辅助或在人脸识别失效（人脸模糊、人脸被遮挡）时发挥作用。在深度学习中一般通过全局和局部特征提取以及度量学习对多组行人图片进行分类和身份查询。

2. 语音识别

语音识别（Speech Recognition）是一门交叉学科，近十几年进步显著。它需要用到数字信号处理、模式识别和概率论等理论知识，深度学习的发展也使其有了很大幅度的效果提升。在深度学习中将声音转化为比特的目的类似于在计算机视觉中处理图像数据一样，转换为特征向量，与图像处理不太一样的是声音转化需要对波（声音的形式）进行采样，采样的方式、采样点的个数和坐标也是关键信息。对这些数字信息进行处理，输入到网络中进行训练，得到一个可以进行语音识别的模型。语音识别的难点有很多，例如克服发音音节相似度高的困难进行精准识别，实时语音转写等，这就需要很多不同的人声样本作为数据集，让深度网络具有更强的泛化性。

如图 1-2 所示为百度语音助手，其采用国际领先的流式端到端语音语言一体化建模算法，将语音快速准确识别为文字，支持手机应用语音交互、语音内容分析和机器人对话等多个场景。

它有以下四个特点。

1）技术领先，识别准确：采用领先国际的流式端到端语音语言一体化建模方法，融合百度自然语言处理技术，近场中文普通话识别准确率达 98%。

图 1-2　百度语音助手

2）多语种和多方言识别：支持普通话和略带口音的中文识别，支持粤语、四川话方言识别，支持英文识别。

3）深度语义解析：支持 50 多个领域的语义理解，例如天气、交通和娱乐等，还可接入百度智能对话平台 UNIT，自定义语义理解和对话服务，更准确地理解用户意图。

4）数字格式智能转换：根据语音内容理解可以将数字序列、小数、时间、分数和基础运算符正确转换为数字格式，使得识别的数字结果更符合使用习惯，直观自然。

3. 自然语言处理

自然语言处理是计算机科学和人工智能领域的研究方向之一，研究能实现人与计算机之间用自然语言进行有效通信的各种理论和方法。深度学习由于其非线性的复杂结构，将低维、稠密且连续的向量表示为不同粒度的语言单元，如词、短语、句子和文章，让计算机可以理解通过网络模型参与编织的语言，进而使得人类和计算机能进行沟通。此外深度学习领域中研究人员使用循环、卷积和递归等神经网络模型将不同的语言单元向量进行组合，获得更大语言单元的表示。不同的向量空间拥有的组合越复杂，计算机越是能处理更加难以理解的语义信息。将人类的文本作为输入，本身就具有挑战性，因此计算机处理得到的自然语言就难上加难，而这也是自然语言处理不断探索的领域。通过深度学习，人们已经在人工智能领域向前迈出一大步，相信在人与机器的沟通中，"信、达、雅"这三个方面终将实现。

以 ChatGPT 为例，它是一个由 OpenAI 开发的人工智能语言模型，如图 1-3 所示，它具有强大的自然语言处理能力，可以理解人类语言输入，并以准确、流畅的方式生成回应。它的学习基础涵盖了广泛的主题，可以进行对话、回答问题、提供建议和讲故事，甚至能够模仿不同风格的写作。ChatGPT 在虚拟对话中扮演着一个智能伙伴的角色，能够与用户进行有意义的交流，为用户提供信息、娱乐和帮助。无论是进行日常聊天、获取知识，还是探索创造性的想法，ChatGPT 都可以成为一个有用的工具和伙伴。

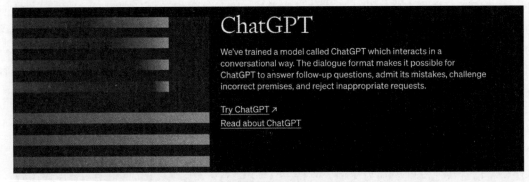

图 1-3　ChatGPT

1.4　Python 语言和深度学习框架

1.4.1　Python 语言

1. 为什么选择 Python

如今市面上有众多编程语言，但为什么深度学习在素材处理、数据训练和网络搭建等方面基本采用 Python 语言实现呢？原因大概如下：

1)做深度学习,最重要的是验证想法,需要在短期内跑出多次实验结果。其中的难点在于快速出结果。静态语言虽然省内存、性能好,但修改起来确实不如 Python 容易,Python 上手门槛很低,"十行顶百行"。

2)Python 的深度学习框架多且维护频繁,方便快速入手。大部分深度学习框架对于 CPU(中央处理器)密集型的功能都做了优化,Python 的深度学习框架可以看作各种 API,真正用起来不见得会慢得让人难以忍受,况且在性能没有落下很多的情况下,Python 根本不需要考虑垃圾回收、内存泄漏的情况。

3)Python 是胶水语言,可以结合 C++,使得写出来的代码可以达到 C++的效率。

4)一项人工智能的工程可能涉及多个环节,而如果选择使用 Python,它可以提供一条龙服务。

2. Python 语言简介

Python 语言由荷兰数学和计算机科学研究学会的吉多·范罗苏姆于 20 世纪 90 年代初设计,Python 提供了高效的高级数据结构,还能简单有效地面向对象编程。Python 语法和动态类型及解释型语言的本质,使它成为多数平台上写脚本和快速开发应用的编程语言,随着版本的不断更新和语言新功能的添加,Python 逐渐被用于独立的、大型项目的开发。

Python 解释器易于扩展,可以使用 C 语言或 C++(或其他可以通过 C 语言调用的语言)扩展新的功能和数据类型。Python 也可用于可定制化软件中的扩展程序语言。Python 丰富的标准库,提供了适用于各个主要系统平台的源码或机器码。

由于 Python 语言的简洁性、易读性及可扩展性,在国外用 Python 做科学计算的研究机构日益增多,一些知名大学已经采用 Python 来教授程序设计课程。2018 年 3 月,该语言作者在邮件列表上宣布 Python 2.7 将于 2020 年 1 月 1 日终止支持,所以本书除了在 Caffe(用于特征抽取的卷积框架)环境搭建时采用 Python 2.7 版本(因为 Caffe 框架与 Python 3 在兼容性上存在问题),其余部分基本采用 Python 3.6 及以上版本。关于 Python 语言的学习,读者可自行搜索,本书在编程语言的入门使用上不再做详细介绍。

1.4.2 深度学习框架

1. 为什么要用深度学习框架

深度学习框架是一种能够支持人工神经网络进行搭建、训练、测试和部署的软件平台。它通过提供高效的算法实现、方便的数据处理工具、数据可视化和调试工具等方式,简化了深度学习任务的实现过程,让深度学习应用变得更加容易和高效。也就是说,深度学习框架为深度学习提供了一种快捷、可重复和可扩展的开发环境,帮助研究人员和工程师们更快地研究和开发出复杂的深度学习模型。

如果已经掌握了深度学习的核心算法,当然可以从头开始实现自己的神经网络模型。但是如果需要实现更复杂的模型,如 CNN 或 RNN(循环神经网络)时,就会发现从头开始实现复杂模型是不切实际的,因此深度学习框架应运而生,它可以轻松实现神经网络模型。

深度学习框架可以更轻松地搭建、训练、测试和部署深度学习模型。使用框架可以使开发人员专注于模型设计和实现,减少了手动编写底层代码的工作量。框架往往具有一系列已经实现的算法和模型架构，可以帮助开发人员更快地实现模型并进行实验。另外，框架还可以提供分布式训练、自动求导和 GPU（图形处理器）加速等功能，这些功能可以加快训练速度，缩短模型的设计和实现时间以及加快模型迭代的速度。并且，框架不需要手写 CUDA（计算统一设备架构）代码就能驱动 GPU 工作，还容易构建大的计算图。总之，使用深度学习框架可以极大地提高深度学习应用的开发效率和模型的准确率。

2. 常用的深度学习框架

（1）PyTorch 框架　PyTorch 是以 Torch 框架为底层开发的，其用 Python 重写了很多内容，使得框架不仅更加灵活，支持动态图，而且提供了 Python 接口。它由 Torch7 团队开发，是一个以 Python 为主的深度学习框架，不仅能够实现强大的 GPU 加速功能，还支持动态神经网络，这是很多主流深度学习框架如 TensorFlow 等都不支持的。

PyTorch 既可以看作加入了 GPU 支持的 NumPy（一个非常有名的 Python 开源数值计算扩展库），同时也可以看作一个拥有自动求导功能的强大的深度神经网络。除 Facebook 外，它已经被 Twitter（推特）、CMU（卡内基梅隆大学）和 Salesforce 等机构采用。

1）PyTorch 的优势如下。

① 动态图机制：PyTorch 使用动态图机制，可以灵活地构建、修改和调试神经网络，更容易理解和调试代码。

② 易用性：PyTorch 的 API 非常简单易用，支持 Python 语言，可以方便地创建和训练神经网络，并且具有大量的预训练模型可供使用。

③ 灵活性：PyTorch 提供了丰富的工具和接口，可以轻松地扩展和自定义网络结构、训练过程，适用于各种深度学习任务。

④ 快速迭代：由于动态图机制，PyTorch 支持快速的模型迭代和实验，可以方便地进行模型调整和测试。

2）PyTorch 的缺点如下。

① 计算性能相对较慢：相比于其他深度学习框架，PyTorch 的计算性能相对较慢，需要一定的优化和加速。

② 不够稳定：PyTorch 具有的动态图机制和自由度较高的特点，导致模型的稳定性和鲁棒性较低。

本书在模块函数使用举例与项目实战中主要以 PyTorch 框架为主实现，当然也支持用其他框架进行深度学习网络训练，读者可自行探索学习。

（2）TensorFlow 框架　TensorFlow 是一款由谷歌以 C++开发的开源数学计算软件，使用数据流图的形式进行计算。图中的节点代表数学运算，而图中的线条表示多维数据数组之间的交互。TensorFlow 最初是由研究人员和谷歌 Brain 团队针对机器学习和深度神经网络进行研究而开发的，开源之后几乎可以适用于各个领域。由于是大公司谷歌出品，TensorFlow 迅速成为全世界使用人数最多的框架，社区的活跃度极高，维护与更新比较频繁。

1）TensorFlow 的优势如下。

① 高效：TensorFlow 使用高效的 C++编译器，将数学表达式编译成高效的 CPU 或 GPU 代码，可以快速计算大规模的神经网络模型。

② 灵活：TensorFlow 提供了灵活的计算图功能，可以实现各种复杂的数学表达式和神经

网络模型，并且可以轻松地扩展和自定义。

③ 易用性：TensorFlow 的 API 设计简单易用，可以快速创建、训练和测试神经网络模型，并提供了大量的示例和教程。

④ 可移植性：TensorFlow 可以在多个平台和操作系统上运行，并且支持多种 GPU 和 CPU 架构。

2）TensorFlow 的缺点如下。

① 复杂性：相比于其他深度学习框架，TensorFlow 的设计较为复杂，需要一定的学习成本。

② 性能相对较慢：相比于一些专门针对 GPU 优化的框架，TensorFlow 的计算性能相对较弱。

TensorFlow 有 Python 和 C++的接口，教程也非常完善，同时很多经典功能的第一个版本都是基于 TensorFlow 写的，TensorFlow 灵活的架构可以部署在具有一个或多个 CPU、GPU 的台式机及服务器中，或者使用单一的 API 应用在移动设备中。

（3）Caffe 框架　Caffe 由加州大学伯克利分校的贾扬清博士开发，全称是 Convolutional Architecture for Fast Feature Embedding（用于特征抽取的卷积框架）。它是一个清晰而高效的开源深度学习框架，由伯克利视觉与学习中心（Berkeley Vision and Learning Center，BVLC）进行维护。

1）Caffe 的优势如下。

① 高效：Caffe 使用 C++语言编写，并针对 CPU 和 GPU 进行了优化，使得它能够高效地处理大规模的神经网络。对 CNN 的支持特别好，也提供了 MATLAB 接口和 Python 接口。

② 易用性：Caffe 的 API 非常简单易用，可以方便地创建和训练神经网络，并且有大量的预训练模型可供使用。早期很多 ImageNet 比赛使用的网络都是用 Caffe 写的，要使用这些比赛模型就必须使用 Caffe 的深度学习框架。

③ 可扩展性：Caffe 可以轻松地扩展到多 GPU 和多机器集群上，使得它能够应对大规模的深度学习任务。

2）Caffe 的缺点如下。

① 功能相对简单：Caffe 的功能相对简单，主要针对计算机视觉领域，其他领域的深度学习任务可能需要使用其他框架。

② 缺少动态图支持：Caffe 使用静态图进行计算，不支持动态图，这使得一些复杂的模型难以实现。

Caffe 不够灵活，而且内存占用高，随着 TensorFlow 和 PyTorch 的普及，Caffe 框架也不再更新了。

（4）其他框架

1）Keras 框架：类似于接口而非框架，容易上手，研究人员可以在 TensorFlow 中看到 Keras 的一些实现，很多初始化方法 TensorFlow 都可以使用 Keras 函数接口直接调用实现。它的缺点就在于封装过重，不够轻盈，许多代码的错误可能无法显而易见。

2）Caffe2 框架：继承了 Caffe 的优点，速度更快，然而还是编译困难，研究人员少。值得一提的是 Caffe2 已经并入了 PyTorch，因此可以在新版本的 PyTorch 中体验到其特点。

3）MXNet 框架：支持语言众多，例如 C++、Python、MATLAB 和 R 等，同样可以在集群、移动设备和 GPU 上部署。MXNet 集成了 Gluon 接口，支持静态图和动态图。然而由于推广力度不够，MXNet 并没有像 PyTorch 和 TensorFlow 那样受关注，不过其分布式支持却是非常闪耀的优点。

1.5 课后习题

1）什么是人工智能？
2）什么是机器学习？
3）什么是深度学习？
4）简述机器学习的分类。
5）深度学习有哪些方面的应用？

第 2 章

神经网络基础

2.1 生物神经网络和神经元模型

人工神经网络是深度学习的重要基础，人工神经网络是以人脑神经网络为原型设计出来的。人类的大脑皮层包含大约 10^{11} 个神经元，每个神经元通过突触与其他大约 103 个神经元连接，形成一个高度复杂和灵活的动态网络。神经元的结构如图 2-1 所示。

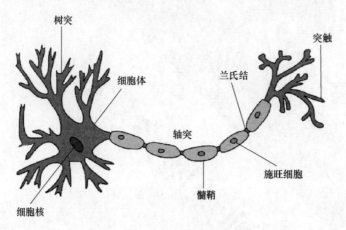

图 2-1　神经元的结构

基于这种想法，1943 年，神经生理学和控制论科学家麦卡鲁奇和计算神经学科学家皮茨参考了人类神经元的结构，发表了抽象的神经元模型——M-P 模型（McCulloch-Pitts Model）。

神经元模型是一个包含输入、输出与计算功能的模型。输入可以类比为神经元的树突，而输出可以类比为神经元的轴突，计算则可以类比为神经元的细胞核。

图 2-2 所示为一个典型的神经元模型，包含三个输入、一个输出和两个计算功能。

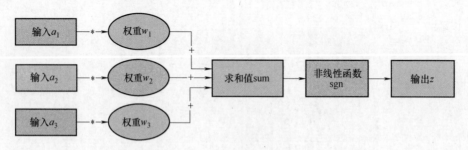

图 2-2　神经元模型

注意图 2-2 箭头中所包含的符号，"*"代表进行乘法运算，"+"代表进行加法运算，无符号则代表普通连接，即值传递。

用 a 表示输入，用 w 表示权重。前半部分有的向箭头可以这样理解：在初端，传递的信号大小仍然是 a，端中间有权重参数 w，经过这个权重参数后的信号会变成 $a \times w$，因此在连接的末端，信号的大小就变成了 $a \times w$。

将图 2-2 中的值传递过程用计算公式表达，为

$$z = \text{sgn}(\text{sum}) = \text{sgn}(a_1 \times w_1 + a_2 \times w_2 + a_3 \times w_3)$$

可见 z 是一个输入和权重的线性加权后，再通过一个非线性函数获取的值。在 M-P 模型中，激活函数是 sgn 函数，即取符号函数：当该函数的输入大于 0 时，输出 1，否则输出 0。

下面对神经元模型进行一些扩展，如图 2-3 所示。首先将 sum 函数与 sgn 函数合并到一个计算模块内，代表神经元的内部计算。其次，输出 z 变为多个，以便作为下一层神经元的输入。最后说明，一个神经元可以引出多个代表输出的有向箭头，但值都是一样的。

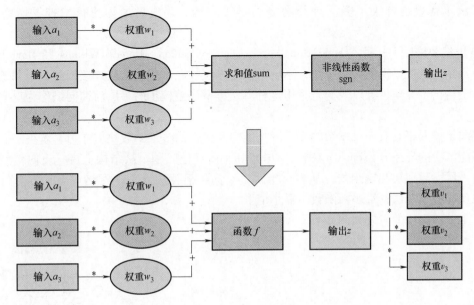

图 2-3 神经元模型扩展

神经元可以看作一个计算与存储单元。计算指神经元对其输入进行计算，存储指神经元会暂存计算结果，并传递到下一层。

当描述神经网络中的某个"神经元"时，我们更多地会用"单元"（Unit）指代。同时由于神经网络的表现形式是一个有向图，有时也会用"节点"（Node）表达同样的意思。

假设有一个数据，这个数据被称为样本。样本有四个属性，其中三个属性已知，已知的属性被称为特征，一个属性未知，未知的属性被称为目标。可以利用神经元模型，通过已知的三个属性预测第四个未知属性，具体办法就是使用神经元模型的公式进行计算。三个已知属性的值是 a_1、a_2、a_3，未知属性的值是 z。三个已知属性有三个对应的权重 w_1、w_2、w_3，z 可以通过公式计算出来，这样通过神经元模型就能预测出样本的目标，即未知属性 z。

2.2 人工神经网络

人工神经网络是为模拟人脑神经网络而设计的一种计算模型，它可以从结构、实现机理和功能上模拟人脑神经网络。人工神经网络与生物神经元类似，由多个节点（人工神经元）

互相连接而成，可以用来对数据之间的复杂关系进行建模，不同节点之间的连接被赋予了不同的权重，每个权重代表了一个节点对另一个节点的影响大小。每个节点代表一种特定函数，来自其他节点的信息经过其相应的权重综合计算，输入到一个激活函数中并得到一个新的活性值（兴奋或抑制）。从系统观点看，人工神经元网络是由大量神经元通过极其丰富和完善的连接而构成的自适应非线性动态系统。

早期的神经网络模型并不具备学习能力。首个可学习的人工神经网络是赫布（Hebb）网络，采用的是一种基于赫布型学习的无监督学习方法。感知机是最早的具有机器学习思想的神经网络，但其学习方法无法扩展到多层的神经网络上。直到 1980 年前后，反向传播算法才有效地解决了多层神经网络的学习问题，并成为最为流行的神经网络学习算法。

20 世纪 80 年代中期，David Runelhart、Geoffrey Hinton、Ronald Wllians 和 DavidParker 等人分别独立发现了反向传播算法，系统解决了多层神经网络隐含层连接权的学习问题，并在数学上给出了完整推导。人们把采用这种算法进行误差校正的多层前馈网络称为反向传播网络。

反向传播网络具有任意复杂的模式分类能力和优良的多维函数映射能力，解决了简单感知机不能解决的异或（Exclusive OR，XOR）和一些其他问题。从结构上讲，反向传播网络具有输入层、隐藏层和输出层；从本质上讲，反向传播算法就是以网络误差平方为目标函数，采用梯度下降法计算目标函数的最小值。

人工神经网络的发展如图 2-4 所示。

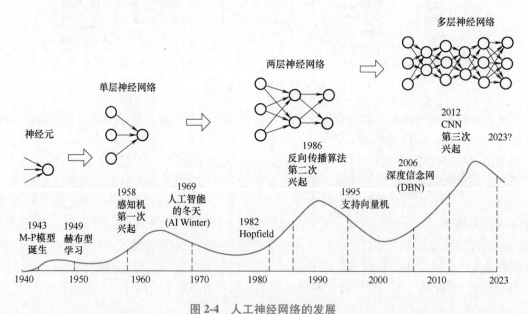

图 2-4 人工神经网络的发展

人工神经网络诞生之初并不是用来解决机器学习问题。由于人工神经网络可以用作一个通用的函数逼近器（一个两层神经网络可以逼近任意的函数），因此人工神经网络可以看作是一个可学习的函数，并将其应用到机器学习中。理论上，只要有足够的训练数据和神经元数量，人工神经网络就可以学到很多复杂的函数。可以把一个人工神经网络塑造复杂函数的能力称为网络容量（Network Capacity），这与可以被储存在网络中的信息的复杂度及数量相关。

人工神经网络具有以下四个基本特征。

1）非线性：非线性关系是自然界的普遍特性。大脑的智慧就是一种非线性现象。人工神经元处于激活或抑制两种不同的状态，这种行为在数学上表现为一种非线性关系。有阈值的神经元构成的网络具有更好的性能，可以提高容错性和存储容量。

2）非局限性：一个神经网络通常由多个神经元广泛连接而成。一个系统的整体行为不仅取决于单个神经元的特征，而且可能主要由神经元之间的相互作用、相互连接所决定，通过神经元之间的大量连接模拟大脑的非局限性。联想记忆是非局限性的典型例子。

3）非常定性：人工神经网络具有自适应、自组织和自学习能力。神经网络不但处理的信息可以有各种变化，而且在处理信息的同时，非线性动力系统本身也在不断变化。经常采用迭代过程描述动力系统的演化过程。

4）非凸性：一个系统的演化方向，在一定条件下将取决于某个特定的状态函数。例如能量函数，它的极值对应于系统比较稳定的状态。非凸性是指这种函数有多个极值，故系统具有多个较稳定的平衡态，这将导致系统演化的多样性。

最近十多年来，人工神经网络的研究工作不断深入，已经取得了很大的进展，人工神经网络在模式识别、智能机器人、自动控制、预测估计、生物、医学和经济等领域已成功地解决了许多现代计算机难以解决的实际问题，表现出了良好的智能特性。

2.3 卷积神经网络

视觉是人类获取信息的主要途径，大约占到人类获取信息总量的80%，古希腊哲学家亚里士多德曾经说过：在所有的感觉中我们认为视觉最好用，它能让我们看清楚事物之间的许多差别。视觉让我们分辨出什么是人，什么是猫或狗，而对于计算机来讲，它们无法感性认识这些知识，只认识冷冰冰的数字。所以我们要将图像转化成由数字组成的多行多列的矩阵交给计算机。图像的最小组成单位是像素，每张图由若干个像素点组成，用像素点数值的不同区分出每张图的表示内容。所以，下面以图像信息为例了解卷积神经网络（CNN）各模块的工作方式。

2.3.1 卷积层

卷积运算的含义是卷积核（卷积窗口）在输入图像数据上移动，在相应位置上进行先乘后加的运算。

如图2-5所示，中间为卷积核，在输入图像上移动，当移动到当前位置时，其卷积运算操作是对卷积核所覆盖像素进行权重和对应位置处像素的乘加：

$$\text{output} = (5\times1 + 9\times0 + 8\times1 + 2\times0 + 9\times0 + 7\times0 + 3\times1 + 5\times0 + 1\times1)$$

一般情况下，卷积核在几个维度上移动，就是几维卷积，如图2-6所示从左至右分别为一维卷积、二维卷积和三维卷积。准确地说，一个卷积核在一个图像数据上进行几维移动，就是几维卷积。

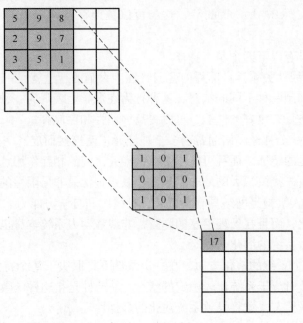

图 2-5 卷积运算

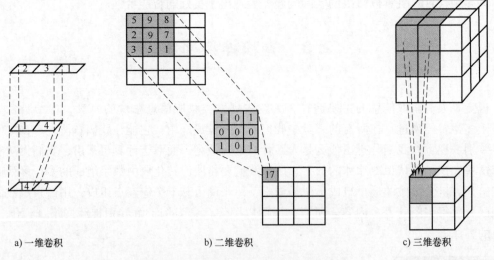

a) 一维卷积　　　　b) 二维卷积　　　　c) 三维卷积

图 2-6 一维卷积、二维卷积和三维卷积

以 PyTorch 为例,二维卷积代码如下,卷积可选参数见表 2-1。

```
#torch.nn.Conv2d()
#功能:对多个二维信号进行二维卷积
torch.nn.Conv2d(in_channels,
        out_channels,
        kernel_size,
        stride=1,
```

```
            padding=0,
            dilation=1,
            groups=1,
            bias=True,
            padding_mode="zeros")
```

表 2-1 卷积可选参数

参数名	作用释义	参数类型	默认值
in_channels	（待卷积数据的）输入通道数	int（整数）/tuple（元组）	无
out_channels	输出通道数，等于卷积核个数	int/tuple	kenel_size
kernel_size	卷积核的大小	int/tuple	/
stride	卷积核移动的步长	int/tuple	1
padding	在图片高、宽的外围进行补0填充	int/tuple	0
dilation	空洞卷积大小	int/tuple	1
groups	分组卷积设置	int	1
bias	偏置	bool（布尔类型）	True
padding_mode	填充的方式，只有四种模式可选	string（字符串）	"zeros"

以下代码为应用案例。

```
#导入深度学习框架torch包
import torch
#导入包含操作算子的nn包
from torch import nn
#为了使每次生成的随机矩阵input元素值相同,设定一个随机种子7
torch.manual_seed(7)
#设定一个卷积操作,其卷积核为2×2的矩形区域,纵向移动步长为1,横向移动步长为1,向下取整,外围
补一圈0,空洞卷积大小为2
c=nn.Conv2d(1,2,(2,2),stride=1,padding=1,bias=False,dilation=2,padding_mode
="zeros")
#自定义卷积核中每个值均为0.3
c.weight.data=torch.ones([2,1,2,2])*0.3
#随机生成一个张量,张量的形状为1*1*3*3,每个元素取值范围为[1,10)
input=torch.randint(1,10,(1,1,3,3))
#转换为float类型
input=input.float()
#打印输入
print(input)
#进行卷积操作
output=c(input)
#打印输出
Print(output)
```

填充 padding：在卷积运算中起重要作用，填充大多数情况是被用来保持输入、输出图像的尺寸一致。通过在输入图像的边缘添加额外的值为 0 的像素，可以防止卷积核滑动到图像边缘时，输出特征图尺寸的减小。如需要进行非零填充，可使用 nn.functional.pad 函数，此处不再详细展开。图 2-7 所示为 padding 的作用示意图。

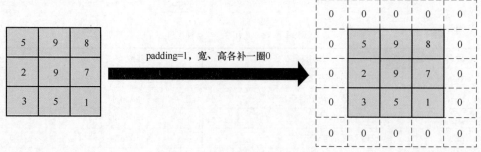

图 2-7　padding 的作用示意图

空洞卷积 dilation：卷积核内的值代表权重，dilation 不为 1 时权重之间需有间隔，权重间的"空洞"由 0 填补。这样的卷积核常用于图像分割任务，主要目的在于提高感受野（卷积神经网络每一层输出的像素点在原始图像上映射的大小）。通道数个数 out_channels 即为卷积核的个数。图 2-8 所示为空洞卷积的作用示意图。

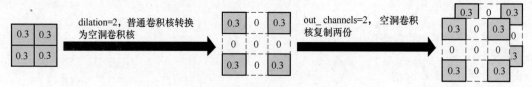

图 2-8　空洞卷积的作用示意图

如图 2-9 所示，每个黑块部分即为卷积核依次扫过的区域。以第一个区域为例，输出值 2.7＝0×0.3+0×0+0×0.3+0×0+5×0+9×0+0×0.3+2×0+9×0.3。stride＝1，卷积核每次平移一格，依次类推，输出最终结果。

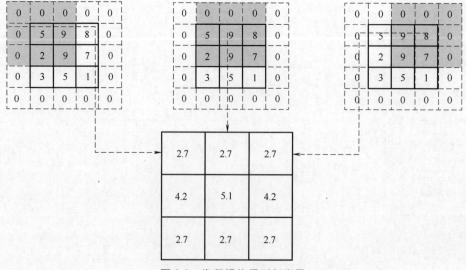

图 2-9　卷积操作得到新张量

需要说明的是在此处代码中将 bias 设置为 False，其目的是为了演示时更简单易懂。默认情况该值为 True，会造成外围补 0 后值为非 0 的情况，因为结果需要加上偏置，如图 2-10 所示，所以结果并非整数，而是带有小数部分。

```
>>> import torch
>>> torch.manual_seed(7)
<torch._C.Generator object at 0x7f7bc6169390>
>>> from torch import nn
>>> c = nn.Conv2d(2,2,(2,2),stride=1,padding = 1,bias=True,dilation=2,padding_mode="zeros",groups=1)
>>> c.weight.data = torch.ones([2,2,2,2])*0.3
>>> input = torch.randint(1,10,(2,2,3,3))
>>> input = input.float()
>>> print(input)
tensor([[[[4., 7., 4.],
          [5., 6., 1.],
          [8., 3., 3.]],

         [[2., 7., 6.],
          [1., 2., 4.],
          [2., 2., 7.]]],


        [[[1., 6., 9.],
          [9., 8., 6.],
          [1., 3., 9.]],

         [[5., 8., 3.],
          [9., 2., 4.],
          [3., 9., 4.]]]])
>>> output = c(input)
>>> print(output)
tensor([[[[ 2.5558,  3.4558,  2.5558],
          [ 5.8558, 10.9558,  5.8558],
          [ 2.5558,  3.4558,  2.5558]],

         [[ 2.0981,  2.9981,  2.0981],
          [ 5.3981, 10.4981,  5.3981],
          [ 2.0981,  2.9981,  2.0981]]],


        [[[ 3.1558,  8.5558,  3.1558],
          [ 7.9558, 10.6558,  7.9558],
          [ 3.1558,  8.5558,  3.1558]],

         [[ 2.6981,  8.0981,  2.6981],
          [ 7.4981, 10.1981,  7.4981],
          [ 2.6981,  8.0981,  2.6981]]]], grad_fn=<SlowConvDilated2DBackward>)
```

图 2-10　添加偏置后造成输出带有偏置项

分组卷积设置 groups：常用于模型的轻量化。如图 2-11 所示为 AlexNet 模型结构，可以看出，第一次卷积，模型将输入图像数据分成了上下两组，然后分别进行后续的池化（Pooling）、卷积操作。在特征提取环节，上下两组信号是完全没有任何联系的。直到达到全连接层，才将上下两组融合起来。第一次的卷积分组设置可通过 groups 达到。

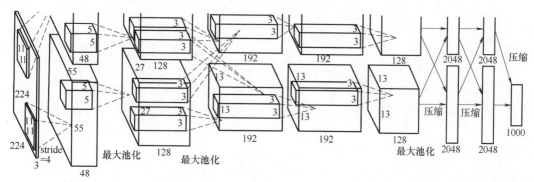

图 2-11　AlexNet 模型结构

$$outputsize = \frac{inputsize - kernel\_size}{stride} + 1$$

完整版为

$$outputsize = \frac{inputsize + 2 \times padding - dilation \times (kernel\_size - 1) - 1}{stride} + 1$$

2.3.2 池化层

池化是指在不同的通道上分开执行,然后根据窗口大小进行相应的操作,即池化操作既不改变通道数也不需要参数控制。池化操作类型一般有最大池化(Max Pooling)、平均池化(Average Pooling)等。

池化的主要作用有以下四个:
1) 降维。压缩特征,去除冗余信息,降低网络复杂度,减小计算量,减少内存消耗。
2) 实现了特征的非线性表达。
3) 扩大感受野。
4) 实现了特征的平移不变性、旋转不变性和尺度不变性等。

1. 最大池化层

最大池化操作的含义是选取图像指定区域中的最大值作为结果输出。以 PyTorch 为例,调用模块 nn 中的最大池化函数 MaxPool2d() 可以实现构建最大池化层的操作。

```
#torch.nn.MaxPool2d()
#功能:对由多个输入平面组成的输入信号应用最大池化
torch.nn.MaxPool2d( kernel_size,
                    stride=None,
                    padding=0,
                    dilation=1,
                    return_indices=False,
                    ceil_mode=False)
```

表 2-2 给出了最大池化函数中参数的作用释义、参数类型和默认值。

表 2-2 最大池化函数中的参数

参数名	作用释义	参数类型	默认值
kernel_size	池化核(池化窗口)的大小	int/tuple	无
stride	池化核移动的步长	int/tuple	kenel_size
padding	在图片高、宽的外围进行补 0 填充	int/tuple	0
dilation	控制池化核内元素步幅的参数	int/tuple	1
return_indices	是否返回输出最大值的序号	bool	False
ceil_mode	计算输出信号大小时,是否使用向上取整	bool	False

kernel_size、stride、padding 和 dilation 的参数类型相同,可以是 int 也可以是 tuple,即

使用方法有两种：

1）参数类型为 int，例如 2，表示高度和宽度标注使用相同的值。

2）参数类型为 tuple，例如（2，3），元组中第一个整数 2 表示高度参数使用 2，第二个整数 3 表示宽度参数使用 3。

kernel_size 可理解为池化核的大小，无默认值，需要用户在构建池化层时给出参数。

stride 的默认值是根据 kernel_size 的值给出的，kernel_size 的值是多少，stride 的默认值就是多少，kernel_size 是什么参数类型，stride 就是什么参数类型。

padding 是在二维信号（图片）外围进行补 0，默认值是 0，也就是说在不给出参数的情况下默认不进行补 0。

return_indices 是布尔类型变量，默认不返回输出最大值的序号。若将此项设为 True，则会输出两个张量，一个为最大池化后的张量，另一个为最大值序号组成的张量。

ceil_mode 也是布尔类型变量，表示计算输出信号大小时，默认为不使用向上取整，使用向下取整，也就是说若池化核移动的过程中无法凑齐指定个元素，则不进行池化操作，不输出结果。

以下代码为应用案例

```
#导入深度学习框架torch包
import torch
#为了使每次生成的随机矩阵input元素值相同,设定一个随机种子7
torch.manual_seed(7)
#设定一个最大池化操作,该操作的池化核为3×2的矩形区域,纵向移动步长为2,横向移动步长为1,向上
取整,同时输出一个对应最大值序号的张量
m=torch.nn.MaxPool2d((3,2),stride=(2,1),return_indices=True,ceil_mode=True)
#生成一个随机整数张量,张量的形状为2*3*4*4,张量中每个值的大小范围为[1,10)
input=torch.randint(1,10,(2,3,4,4))
#将张量中的值类型从int转换为float
input=input.float()
#进行池化,生成池化后的张量
output=m(input)
```

torch 生成的张量格式是通道提前（Channel First）的，这个张量的形状为 $2*3*4*4$，表示 $N=2$［有两张图（二维信号）］；通道 $c=3$，图像的通道数是 3［一般彩色图像有 RGB（红、绿、蓝）三通道］；第一个 4 表示高；第二个 4 表示宽。

图 2-12 所示为以其中一张图的一个通道进行最大池化操作的示意图。黑色区域部分即池化核，从①到⑥看可发现池化核按照先宽（横向移动）后高（纵向移动）的方式寻取每个区域的最大值。横向步长为 1，横向每次移动一格，即一个像素；纵向步长为 2，即每次移动两个像素位置。由于没有给出 padding 的参数，所以不补 0。由于使用了向上取整，所以④~⑥的过程中池化核虽然不满六个元素，但依然采用剩下的四个元素为一组进行最大池化操作。每个池化核的最大值组成一个新的张量，这便是第一个通道的输出结果。

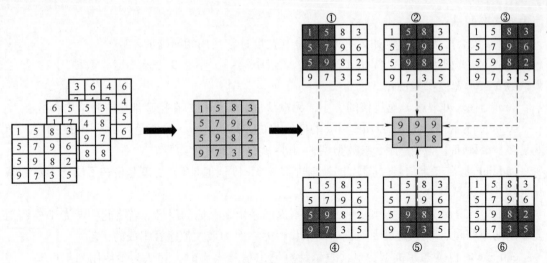

图 2-12 最大池化操作示意图

return_indices=True，表示同时输出所在区域最大值的序号，如图 2-13 所示，PyTorch 张量中值的序号从 0 开始，第一个池化核中最大值 9 在整个张量中的序号也为"9"，第二个池化核中最大值 9 在张量中的序号为"6"，第二个池化核有两个"9"，由此可见，PyTorch 输出的是区域中最大值出现时的第一个序号。

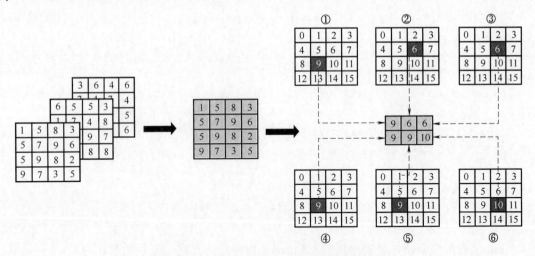

图 2-13 输出所在区域最大值的序号

2. 平均池化层

平均池化操作的含义是计算图像区域的平均值作为该区域池化后的值。以 PyTorch 为例，调用模块 nn 中的平均池化函数 AvgPool2d( ) 实现构建平均池化层的操作。

```
#torch.nn.AvgPool2d()
#功能:对由多个输入平面组成的输入信号应用平均池化
torch.nn.AvgPool2d(kernel_size,
```

```
stride=None,
padding=0,
ceil_mode=False,
count_include_pad=True,
divisor_override=None)
```

表2-3给出了平均池化函数中参数的作用释义、参数类型和默认值。

表2-3 平均池化函数中的参数

参数名	作用释义	参数类型	默认值
kernel_size	池化核的大小	int/tuple	无
stride	池化核移动的步长	int/tuple	kenel_size
padding	在图片高、宽的外围进行补0填充	int/tuple	0
ceil_mode	计算输出信号大小时,是否使用向上取整	bool	False
count_include_pad	计算平均值时是否包含补0的项	bool	True
divisor_override	除法因子。计算平均值时,分子是像素值的总和,分母默认是像素值的个数。若给出 divisor_override,则把分母改为 divisor_override	int	None

kernel_size、stride 和 padding 与最大池化函数中的含义相似,此处不再赘述。

count_include_pad 是指计算平均值时,是否把填充值考虑在内。如图2-14所示,对实线区域高、宽分别补一圈0后进行平均池化,当不开启 count_include_pad 时,黑色区域的池化结果为 1/1 = 1;当开启 count_include_pad 时,黑色区域的池化结果为 1/4 = 0.25。

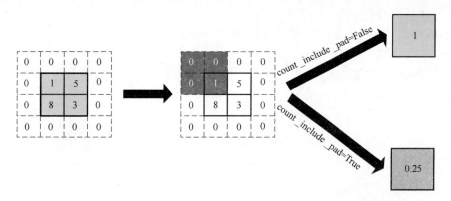

图2-14 参数 count_include_pad 的作用

divisor_override 是计算平均值作为分母的值,默认在不给出的情况下分母是区域像素的个数,在给出的情况下就无视像素个数。如图2-15所示,对实线区域进行高、宽分别补一圈0后进行平均池化,且 count_include_pad = True,当不给出 divisor_override 时,平均池化结果为 1/4 = 0.25;当给出 divisor_override 时,指定分母为3,平均池化结果为 1/3 = 0.33。

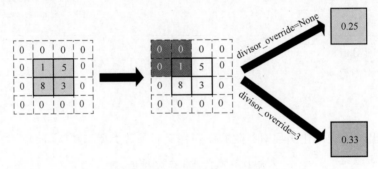

图 2-15　参数 divisor_override 的作用

以下代码为应用案例

```
import torch
torch.manual_seed(7)
#设定一个平均池化操作,该操作的池化核为2×2的矩形区域,纵向移动步长为2,横向移动步长为2,向下取整,不给出除法因子
m=torch.nn.AvgPool2d((2,2),stride=(2,2),padding=(1,1),divisor_override=None)
#生成一个随机整数张量,张量的形状为1*1*3*3,张量中每个值的大小范围为[1,10)
input=torch.randint(1,10,(1,1,3,3))
#将张量中的值类型从int转换为float
input=input.float()
#进行平均池化
output=m(input)
#打印张量操作前后结果
print(input,output)
```

图 2-16 所示为 3×3 张量高、宽补 0 后的平均池化操作过程,黑色区域部分为平均池化核,池化核按照先宽(横向移动)后高(纵向移动)的方式计算每个区域的平均值。由于使用默认的池化核向下取整的方式,张量最下面的全 0 行就不再进行平均池化计算。所以最终输出形状为 2×2 的张量。

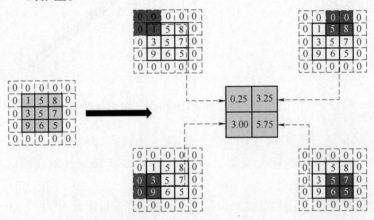

图 2-16　平均池化操作示意图

2.3.3 批标准化层

批标准化（Batch Normalization，BN）操作的含义是对数据进行归一化处理，批标准化层计算每个批次（Batch）的均值和方差，并将其拉回到均值为 0、方差为 1 的标准正态分布。计算公式为

$$y = \frac{x - E[x]}{\sqrt{Var[x] + \varepsilon}} \times \gamma + \beta$$

式中，x 为需要进行批标准化的输入数据，$E[x]$ 和 $Var[x]$ 为输入数据的均值和方差，ε 为防止分母出现 0 所增加的变量，γ 和 β 是对输入值进行仿射操作，即线性变换。γ 和 β 的默认值分别为 1 和 0，仿射包含了不进行仿射的结果，使得引入批标准化至少不降低模型拟合效果，γ 和 β 可以作为模型的学习参数。

批标准化层的作用有以下三个：
1）减轻了模型对参数初始化的依赖。
2）加快了模型训练速度，并可以使用更大的学习率。
3）一定程度上增加了模型的泛化能力。

以 PyTorch 代码为例，调用模块 nn 中的批标准化函数 BatchNorm2d() 实现构建批标准化层的操作。

```
#torch.nn.BatchNorm2d()
#功能:将张量的输出值拉回到均值为 0、方差为 1 的标准正态分布
torch.nn.BatchNorm2d(num_features,eps=1e-5,momentum=0.1,affine=True,track_running_stats=True,device=None,dtype=None)
```

表 2-4 列出了批标准化函数中参数的参数名、作用释义、参数类型和默认值。

表 2-4 批标准化函数中的参数

参数名	作用释义	参数类型	默认值
num_features	张量输入的通道数	int	None
eps	数据进行批标准化时加在分母上，防止除 0	float（浮点型）	1e-5
momentum	更新全局均值 running_mean 和方差 running_var 时使用该值进行平滑	float	0.1
affine	参数 γ 和 β 是否可学习	bool	True
track_running_stats	是否统计全局均值 running_mean 和方差 running_var	bool	True

以下代码为应用案例，第一个通道进行批标准化操作的示意图如图 2-17 所示。

```
import torch
from torch import nn
torch.manual_seed(7)
bn=nn.BatchNorm2d(2,affine=False)
```

```
input=torch.randint(1,10,(2,2,3,3))
input=input.float()
print(input)
output=bn(input)
print(output)
```

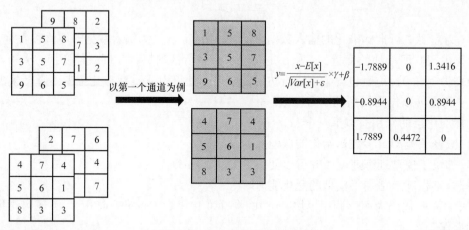

图 2-17　批标准化操作示意图

2.3.4　激活层

激活层指激活函数层，是 CNN 的重要组成部分，主要作用是对来自前一层的特征进行非线性变换。通过引入非线性激活函数，激活层使神经网络能够学习和表示更加复杂的函数映射关系，这一点对于构建具有深度的网络结构至关重要。下面介绍两种常见的激活函数。

1. Sigmoid 函数

Sigmoid 函数的表达式为

$$\mathrm{Sigmoid}(x)=\frac{1}{1+e^{-x}}$$

表达式图如图 2-18 所示。

以 PyTorch 为例，Sigmoid 函数的代码如下：

```
torch.nn.Sigmoid()
```

Sigmoid 函数无特殊可选参数。

2. ReLU 函数

ReLU（Rectified Linear Unit，修正线性单元）函数的表达式为

$$\mathrm{ReLU}(x)=\max(0,x)$$

表达式图如图 2-19 所示。

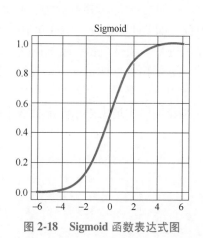

图 2-18 Sigmoid 函数表达式图

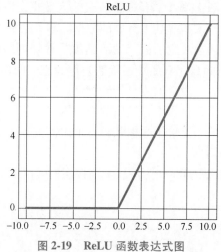

图 2-19 ReLU 函数表达式图

以 PyTorch 为例，ReLU 函数的代码如下：

```
torch.nn.ReLU(inplace=False)
```

ReLU 函数中的参数见表 2-5。

表 2-5 ReLU 函数中的参数

参数名	作用释义	参数类型	默认值
inplace	是否改变输入的数据	bool	False

2.3.5 全连接层

全连接层又被称为线性层（Linear），其中每个神经元与上一层所有神经元相连，实现对上一层的线性组合或线性变换，如图 2-20 所示。

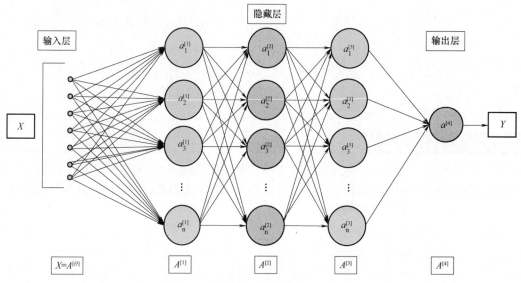

图 2-20 全连接层

图 2-20 中，X 通常代表输入数据。在神经网络中，输入数据是网络的起始点，可以是图像、文本或其他类型的数据。输入数据在通过网络的每一层时会经过变换和处理。A 代表激活函数或激活值。激活函数是神经网络中的非线性函数，如 ReLU 函数、Sigmoid 函数或 Tanh 函数（双曲正切函数）等，它们的作用是对层的输出进行非线性变换，增加网络的表达能力；激活值则是指经激活函数处理后的结果。Y 通常代表输出数据或目标值。在神经网络的训练过程中，输出数据是网络的最终结果，而目标值是用于训练的期望结果，网络通过学习最小化输出数据和目标值之间的差异实现训练。a 在神经网络中通常表示激活值或中间层的输出。

以 PyTorch 为例，全连接层的代码如下：

```
import torch
inputs=torch.tensor([[1.,2,3]])
linear_layer=nn.Linear(3,4)
linear_layer.weight.data=torch.tensor([[1.,1.,1.],
                                        [2.,2.,2.],
                                        [3.,3.,3.],
                                        [4.,4.,4.]])

linear_layer.bias.data.fill_(0.5)
output=linear_layer(inputs)
print(inputs,inputs.shape)
print(linear_layer.weight.data,linear_layer.weight.data.shape)
print(output,output.shape)
```

最终输出结果为：

```
tensor([[1.,2.,3.]]) torch.Size([1,3])
tensor([[1.,1.,1.],
        [2.,2.,2.],
        [3.,3.,3.],
        [4.,4.,4.]]) torch.Size([4,3])
tensor([[6.5000,12.5000,18.5000,24.5000]],grad_fn=<AddmmBackward>) torch.Size([1,4])
```

2.3.6 训练与反馈

若干个卷积层、池化层、激活层和全连接层等结构组成了 CNN，组成 CNN 的第一个卷积层的卷积核用来检测低阶特征，如边、角和曲线等。随着卷积层的增加，对应卷积核检测的特征就更加复杂（理想情况下）。

例如，第二个卷积层的输入实际上是第一层的输出（卷积核激活图），这一层的卷积核便用来检测低价特征的组合等情况（如半圆、四边形等），如此累积，以检测越来越复杂的特征。实际上，人类大脑的视觉信息处理也遵循这样从低阶特征到高阶特征的模式。最后一层的卷积核按照训练 CNN 目的的不同，可能在检测到人脸、手写字体等时激活。

所以在相当程度上，构建 CNN 的任务就在于构建这些卷积核，也就是将这些卷积核变成改变卷积核矩阵的值，即权重能识别特定的特征，这个过程被称为训练。

当训练开始时，卷积层的卷积核是完全随机的，它们不会对任何特征激活（即不能检测任何特征）。这就像刚出生的孩子，他不知道什么是人脸，什么是狗，什么是上下左右，他需要学习才能知道这些概念，也就是通过接触人脸、狗和上下左右，并被告知这些东西分别是人脸、狗和上下左右，他才能记住这些概念，并在之后某一次见到时准确地给出结果。

修改一个空白卷积核的权重以使它能检测特定的模式，整个过程就像工程中的反馈过程，如图 2-21 所示。

想象一下，如果有一只无意识的猴子，完全随机修改一个 5×5 卷积核矩阵的 25 个值，那么经过一定的轮次之后，这个卷积核完全可能能够检测棱角等特征。这是一种无反馈的训练情况，对 CNN 的训练当然不能如此，不可能靠运气去训练 CNN。

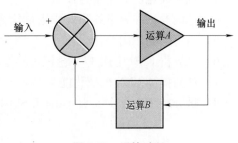

图 2-21　反馈过程

假如要训练一个用于分类的 CNN，让它能判定输入图像中的物体最可能是十个类别中的哪一类，其训练过程如下。

第一次训练，输入一张图像，这个图像通过各层卷积处理输出一组向量 [1, 1, 1, 1, 1, 1, 1, 1, 1, 1]，也就是对于完全由随机卷积核构建的网络，其输出认为这张图等概率是 10 个类别中的某一类。但是对于训练，有一个真实标注（Gound Truth, GT），即 [0, 0, 1, 0, 0, 0, 0, 0, 0, 0]，表示这张图中的物体属于第三类。这时可以定义一个损失函数，如常见的 MSE（Mean Square Error，均方误差）。假定 L 是损失函数 MSE 的输出，目的是让 L 反馈（即反向传播）给整个 CNN，以修改各个卷积核的权重 w，使得损失值 L 最小。优化迭代如图 2-22 所示。

这是一个典型的最优化问题。当然在工程上几乎不可能一次就把卷积核的权重 w 修改到使损失值 L 最小的情况，而是需要多次训练和多次修改。L 的下降往往是震荡的，如图 2-23 所示。

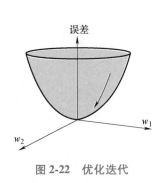

图 2-22　优化迭代

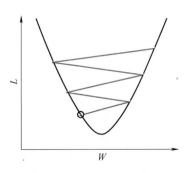

图 2-23　L 下降

如果情况理想的话，权重修改的方向是使 L 变化收敛的方向，这也表示很可能达到了训练这个神经网络的目的——让各个卷积层的卷积核能够组合起来最优化地检测特定模式。

2.4 课后习题

1）深度学习的本质和目的是什么？
2）激活层的作用是什么？
3）批标准化层的作用是什么？
4）空洞卷积和分组卷积的作用是什么？
5）池化层的作用是什么？
6）试分析 CNN 中用 1×1 卷积核的作用。
7）如何提高 CNN 的泛化能力？
8）试分析增大批次大小（Batch-Size）有何好处。

程序代码

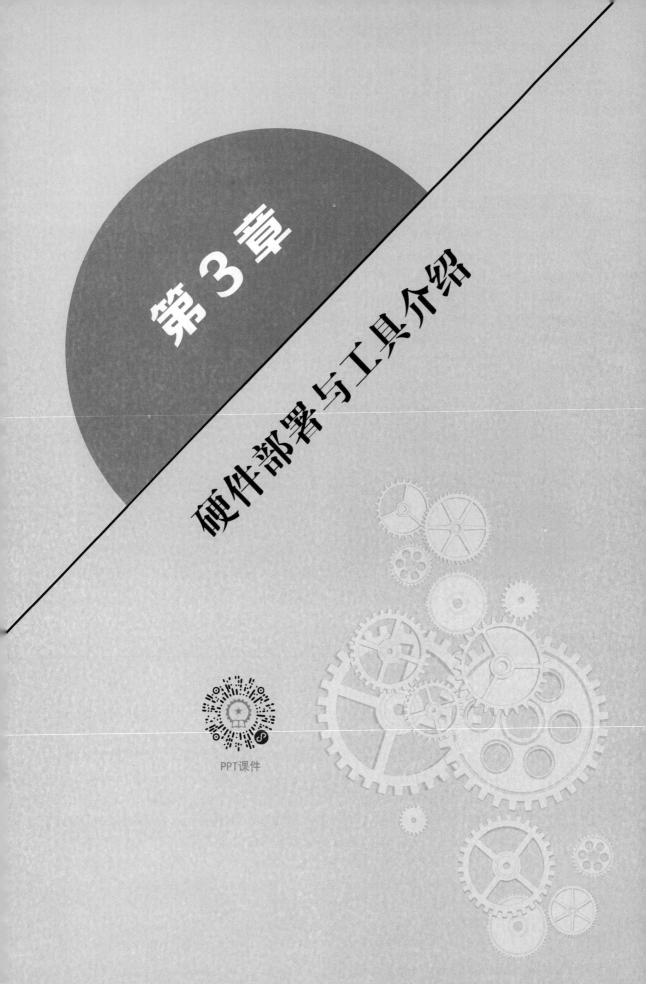

3.1 硬件介绍

3.1.1 主机

AIBox 是一款为加速视频人工智能处理能力设计的硬件（见图 3-1），内置高能效嵌入式 NPU（Neural-network Processing Units，神经网络处理器），适用于各类深度学习模型的加速推理。

AIBox 的主要模块 RK1808 具有双核 Cortex-A35 处理器，最高频率 1.6GHz，峰值 NPU 算力高达 3TOPS（Tera Operations Per Second，每秒万亿次操作），支持 OpenCL（开放计算语言）/OpenVX，支持 INT8/INT16/FP16，支持 TensorFlow、Caffe、ONNX（开放神经网络交换）、Darknet 模型，2GB DDR3 内存，8GB 高速 eMMC（嵌入式多媒体卡）4.51 存储器。

图 3-1 AIBox 主机外观图

3.1.2 RK 1808 芯片简介

瑞芯微公司的 RK1808 框图如图 3-2 所示，参数如下。

1）CPU：双核 Cortex-A35，最高频率 1.6GHz。

2）NPC：3TOPS（INT8）/300 GOPS（INT16）/100GFLOPS（FP16），支持 OpenCL/OpenVX，支持 INT8/INT16/FP16，支持 TensorFlow、Caffe、ONNX、Darknet 模型。

3）存储：800MHz，32bit，LPDDR2/LPDDR3/DDR3/DDR3L/DDR4，支持 SPI（串行外设接口）NOR/NAND Flash（闪存），eMMC。

4）视频处理器：1080P@60FPS H.264 解码，1080P@30FPS H.264 编码。

5）图像处理器：支持 2MP，AE/AWB/AF（自动曝光/自动白平衡/自动对焦）。

6）视频输入：4 通道，MIPI-CSI（移动产业处理器接口-相机串行接口），支持虚拟通道；支持 BT.601/BT.656/BT.1120。

7）显示：4 通道，MIPI-DSI（移动产业处理器接口-显示器串行接口），最大分辨率 1920×1080 像素；18bit 并行 RGB 面板，最大分辨率 1280×720 像素。

8) 其他接口：支持 USB（通用串行总线）3.0/PCIe（外围设备快速互连）2.1；内置 2 通道/8 通道 I2S（集成电路内置音频总线），8 通道 PDM（脉冲密度调制），内置 VAD（语音激活检测）；支持千兆 Ethernet（以太网）；8×UART（通用异步收发器）/3×SPI/6×I2C（集成电路总线）/11×PWM（脉冲宽度调制）/4×SARADC（逐次逼近寄存器型模数转换器）。

9) 封装：BGA（球阵列封装）14×14，FCCSP420LD。

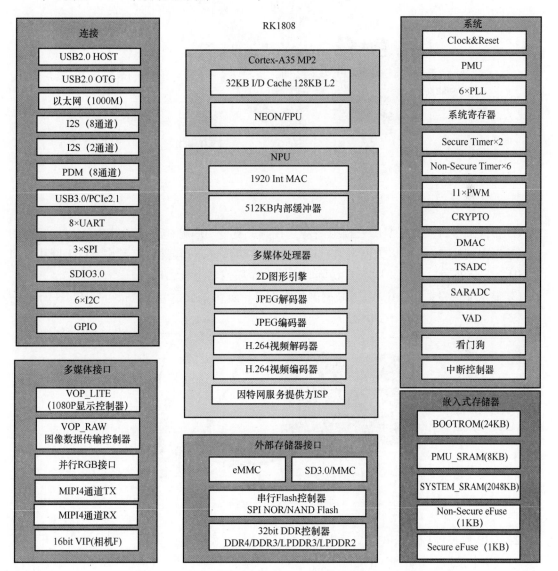

图 3-2　RK1808 框图

HOST—主设备　SDIO—安全数字输入输出　GPIO—通用输入输出　TX—发送　RX—接收
VIP—视频接口处理器　I/D Cache—指令/数据高速缓冲存储器　FPU—浮点处理单元
MAC—介质访问控制　MMC—多媒体卡　Clock—时钟　Reset—复位　PMU—电源管理单元
PLL—锁相环路　DMAC—直接内存访问控制器　TSADC—温度传感器模数转换器
BOOTROM—启动只读存储器　SRAM—静态随机存储器　eFuse—电子熔断器

3.1.3 接口

1）线束接口如图 3-3 所示。

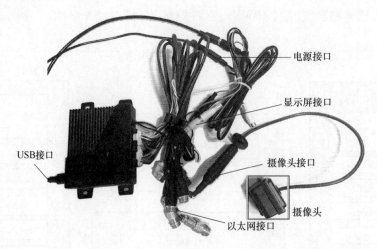

图 3-3 线束接口

① 摄像头接口：3 路 AHD（模拟高清）视频，支持 1080P、720P 分辨率。
② 以太网接口：2 路以太网网络接口，支持 100Mbit/s 传输速度。其中 ETH1 网线接口用 SSH（安全外壳）访问，用 SSH 访问时需要一个航空转网线的接口。
③ 显示屏接口：1 路 HDMI（高清多媒体接口）输出。显示屏及其接口如图 3-4 所示。

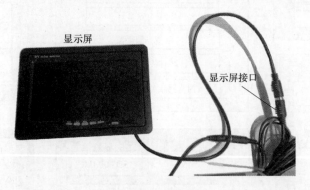

图 3-4 显示屏及其接口

2）USB 接口：1 路 USB 接口，支持 ADB（Android 调试桥）调试。
3）SD 卡接口：1 路 SD 卡接口，支持 Fat、vFat、Ext2、Ext3 和 Ext4 文件系统。

3.1.4 电源连接

AIBox 有以下两种供电方式。
1）24V 电源供电。图 3-5 所示为 AIBox 的电源线。
2）5V USB 供电。USB 供电带不动 AHD 摄像头，需要接 AHD 摄像头时使用 24V 电源供电。

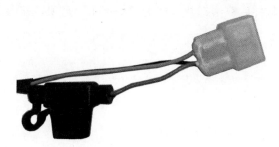

图 3-5　AIBox 电源线

3.2　工具介绍

3.2.1　MobaXterm

　　MobaXterm 是一款远程管理工具，可以使用户在 Windows 操作系统中使用多个实用工具，并具备远程连接功能，它结合了许多其他网络工具，以帮助用户轻松管理远程计算机。这款软件简单易用，速度快，支持 SSH、Telnet（远程上机）、SFTP（SSH 文件传输协议）、RDP（远程桌面协议）和 VNC（虚拟网络控制台）等多种远程协议，同时还支持 Windows 系统本地 X11 映射。

　　可在 MobaXterm 官网 https://mobaxterm.mobatek.net/ 下载所需要的版本。MobaXterm 官网提供了两个版本，一个是家庭版（Home Edition），另一个是专业版（Professional Edition），家庭版是免费的，专业版需要购买。如果用户只需要基本的连接功能，那么家庭版足以满足需求。如图 3-6 所示，选择右边的家庭版安装即可。

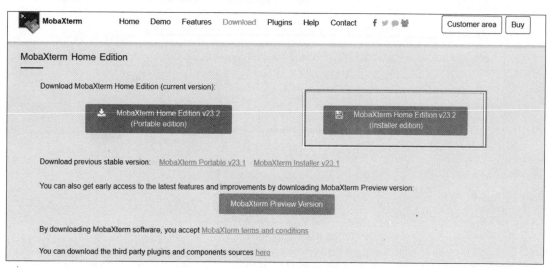

图 3-6　MobaXterm 下载

安装好 MobaXterm 软件后双击打开，单击"Session"选项，如图 3-7 所示。

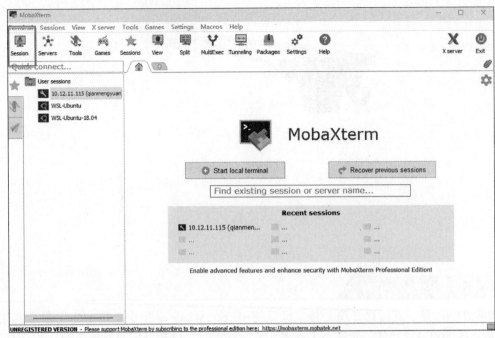

图 3-7　MobaXterm 的"Session"选项

选择"SSH"连接，输入主机 IP 地址、用户名和端口等信息，即可建立 SSH 连接，如图 3-8 所示。

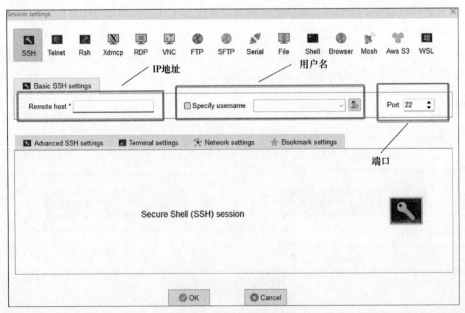

图 3-8　建立 SSH 连接

创建好 Session 后，输入密码（输入密码时并不会显示，输入后单击"OK"按钮即可，第一次登录成功后会提示保存密码，一般选择同意），就可以连接上虚拟机了。第一次连上虚拟机之后，下次登录它会自动通过 FTP（文件传送协议）连接到虚拟机，直接拖拽文件就可以进行文件上传。

登录后界面主要分两块，左边的是主机的文件，右边是终端，如图 3-9 所示。勾选左下角的"Follow terminal folder"选项，可以让主机和终端的工作路径保持一致。

图 3-9　登录后界面

创建一个 Session 之后，在左侧的"Session"标签里会留下它的信息，下次需要连接时直接双击即可，如图 3-10 所示。

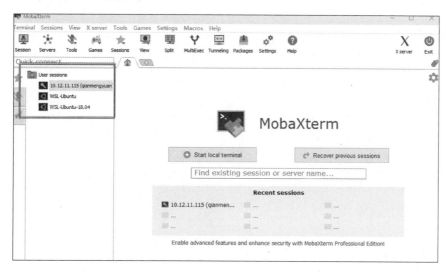

图 3-10　快速连接 Session

文件传输和下载可以采用直接拖拽的方式，也可以鼠标右键单击文件，选择下载或其他功能，如图 3-11 所示。

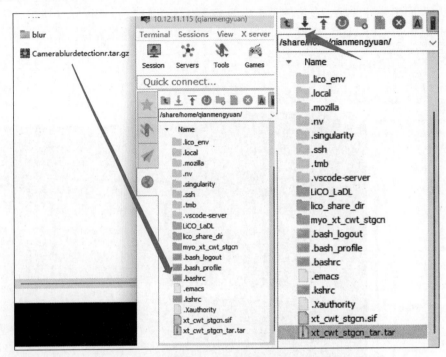

图 3-11 文件传输和下载

3.2.2 OpenCV 移植和使用

OpenCV 是一个开源的计算机视觉和机器学习软件库。OpenCV 主要为开发计算机视觉程序提供一组公共的底层结构，以及加强商业产品中机器的感知能力。OpenCV 使用 BSD（伯克利软件套件）许可证，它可以被商用并可以修改源代码。OpenCV 主要用于图像的加载和保存，以及图像的简单处理。

1. OpenCV 移植

1）下载代码如下。

```
#下载 opencv
git clone https://github.com/opencv/opencv.git
#下载 opencv_contrib
git clone https://github.com/opencv/opencv_contrib.git
#得到 opencv 目录和 opencv_contrib 目录并列
```

2）版本切换代码如下。

```
#将 opencv 和 opencv_contrib 从 master 分支切换到 3.4 分支
git checkout 3.4
```

3）编译脚本 make_opencv.sh。在 opencv 目录加入 make_opencv.sh 脚本，代码如下。

```
set-x
."$(dirname "$0")/config.sh"
echo "${PROJECT_DIR}"
OPENCV_ROOT=${PROJECT_DIR}/
BUILD_DIR=$OPENCV_ROOT/platforms/build_rk1808
export INSTALL_DIR=${PROJECT_DIR}/install_rk1808
rm-rf "${BUILD_DIR}"
mkdir-p "${BUILD_DIR}"
pushd "${BUILD_DIR}"

### 注意:CMAKE_TOOLCHAIN_FILE 需要填写真实环境对应的位置
cmake-DCMAKE_BUILD_WITH_INSTALL_RPATH=ON \  -DCMAKE_TOOLCHAIN_FILE="/xxx/xxx/rk1808/prebuilts/gcc/linux-x86/aarch64-rk1808.toolchain.cmake" \
    -D WITH_CUDA=OFF \
    -D WITH_MATLAB=OFF \
    -D WITH_WEBP=OFF \
    -D BUILD_ANDROID_EXAMPLES=OFF \
    -D BUILD_DOCS=OFF \
    -D BUILD_PERF_TESTS=OFF \
    -D BUILD_TESTS=OFF \
    -D BUILD_ZLIB=ON \
    -D BUILD_PNG=ON \
    -D BUILD_JPEG=ON \
    -D BUILD_TIFF=ON \
    -D BUILD_opencv_world=ON \
    -DCMAKE_INSTALL_PREFIX="${INSTALL_DIR}/opencv" \
    -DCMAKE_MAKE_PROGRAM=make\
    ../..
make-j32
make install
```

4）编译代码如下。

```
chmod +x make_opencv.sh
./make_opencv.sh
```

5）编译结果。在 opencv/install_rk1808 目录下生成了 opencv 目录（见图 3-12）。

开发中主要使用 opencv 的 inlude 头文件和 lib 下的 libopencv_world.so 动态库。

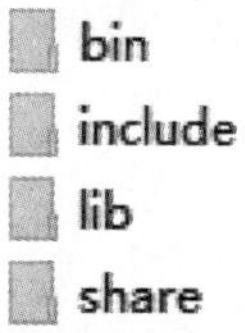

图 3-12　编译后的 opencv 目录

2. OpenCV 使用

1) 编写配置文件 CMakeLists.txt，代码如下。

```
cmake_minimum_required(VERSION 2.8.11)
include_directories(.)
#注意：此处填写真实环境对应的include 位置
include_directories(/opencv/path/include)
set(DEMO_SRC  main.cpp)
#注意：此处填写真实环境对应的lib 位置
set(link_libs   /opencv/path/lib/libopencv_world.so)
SET(TARGET opencv_test)
add_executable(${TARGET} ${DEMO_SRC})
target_link_libraries(${TARGET} ${link_libs}libc.so)
```

2) 编写主函数 main.cpp，代码如下。

```
#include <opencv2/opencv.hpp>
int main(int argc,const char * *argv)
{
    cv::Mat img;
    img=cv::imread(argv[1]);
    cv::imwrite("/userdata/test.jpg",img);
    return 0;
}
```

3.2.3 图像格式转换和图像缩放

RGA（光栅图像加速单元）是瑞芯微提供用于硬件加速的二维图像基本操作库，有旋转、镜像、缩放、拷贝、剪裁和格式转换等功能。为了提高图像处理的可移植性和可用性，对图像格式转换和图像缩放接口进行了二次封装。

1. 接口介绍

1) 图像结构体代码如下。

```
enum Format
{
    HQ_RK_FORMAT_RGBA_8888=0x0,
    HQ_RK_FORMAT_RGBX_8888=0x1,
    HQ_RK_FORMAT_RGB_888=0x2,
    HQ_RK_FORMAT_BGRA_8888=0x3,
    HQ_RK_FORMAT_RGB_565=0x4,
```

```cpp
    HQ_RK_FORMAT_RGBA_5551=0x5,
    HQ_RK_FORMAT_RGBA_4444=0x6,
    HQ_RK_FORMAT_BGR_888=0x7,
    HQ_RK_FORMAT_YCbCr_422_SP=0x8,
    HQ_RK_FORMAT_YCbCr_422_P=0x9,
    HQ_RK_FORMAT_YCbCr_420_SP=0xa,
    HQ_RK_FORMAT_YCbCr_420_P=0xb,
    HQ_RK_FORMAT_YCrCb_422_SP=0xc,
    HQ_RK_FORMAT_YCrCb_422_P=0xd,
    HQ_RK_FORMAT_YCrCb_420_SP=0xe,
    HQ_RK_FORMAT_YCrCb_420_P=0xf,
    HQ_RK_FORMAT_BPP1=0x10,
    HQ_RK_FORMAT_BPP2=0x11,
    HQ_RK_FORMAT_BPP4=0x12,
    HQ_RK_FORMAT_BPP8=0x13,
    HQ_RK_FORMAT_YCbCr_420_SP_10B=0x20,
    HQ_RK_FORMAT_YCrCb_420_SP_10B=0x21,
    HQ_RK_FORMAT_UNKNOWN=0x100,
};

struct RgaCfg
{
    int width;
    int height;
    int width_stride;
    int height_stride;
    int format;
    // HAL_TRANSFORM_FLIP_H 0x1
    // HAL_TRANSFORM_FLIP_V 0x2
    // HAL_TRANSFORM_ROT_90 0x4
    // HAL_TRANSFORM_ROT_180 0x3
    // HAL_TRANSFORM_ROT_270 0x7
    int rotation;
    // 0xFF0100 覆盖;
    // 0xFF0105 混合 src+(1-alph)*dst
    // 0xFF0405 混合 src*alph + (1-alph)*dst
    int blend;
    // 0x00->0xFF：全透明->全不透明
    int alpha;
    // 图像截取的位置
    Rect rect;
};
```

2）创建代码如下。

```
RgaInterface * getRgaInstance()
```

3）初始化代码如下。

```
//src:输入图像的格式和大小
//dst:输出图像的格式和大小
virtual int RgaInit(RgaCfg& src, RgaCfg& dst)
```

4）反初始化代码如下。

```
virtual void RgaUninit()
```

5）图像转换代码如下。

```
// srcBuffer:输入图像的数据
// srcLen:输入图像的大小
// dstBuffer:输出图像的内存,不需要函数外申请内存,由函数内提供
// isSrcBufferDirect:已失效,默认即可
virtual int RgaBlit(unsigned char * srcBuffer, int srcLen, unsigned char * * dst-
Buffer, bool isSrcBufferDirect=false)
```

在图像转换过程中，只需要一次 RgaInit 函数，确定输入的图像格式和大小、输出的图像格式和大小，在图像输入和输出不变的情况下，循环调用 RgaBlit 函数即可得到需要的格式和大小的图像。若图像会随时改变输入和输出的大小或格式，则不适合使用 RGA 处理。

2. 图像格式转换和图像缩放示例

从输入大小为 1280×720、格式为 YUV420SP 的图像中，截取左上角位置（100，100）大小为 800×400 的图像，并把 800×400 的输入图像转换成 600×300 的 RGB888 格式输出，代码如下。

```
RgaInterface * rga=getRgaInstance();
if(!rga)
{
    printf("get rga failed\n");
    return NULL;
}
RgaCfg mSrcCfg;
RgaCfg mDstCfg;
mSrcCfg.width=1280;
mSrcCfg.height=720;
mSrcCfg.format=HQ_RK_FORMAT_YCbCr_420_SP;
```

```
mSrcCfg.rect.w=800;
mSrcCfg.rect.h=400;
mSrcCfg.rect.x=100;
mSrcCfg.rect.y=100;

mDstCfg.width=600;
mDstCfg.height=300;
mDstCfg.format=HQ_RK_FORMAT_RGB_888;
if (rga->RgaInit(mSrcCfg, mDstCfg)< 0)
{
    printf("rga init failed\n");
    delete rga;
    return NULL;
}

unsigned char * rgb888Out=NULL;
// data 是输入图像的数据
// data_size 是输入图像的大小
// rgb888Out 得到输出图像的数据
rga->RgaBlit((unsigned char * )data, data_size, &rgb888Out);
```

3.2.4 素材采集

实时从摄像机中获取 YUV 图像，通过 RGA 转换为 RGB888 格式和指定的大小，使用 OpenCV 库保存图像，其代码如下。

```
//包含 RGA 头文件
#include "rga_interface.h"
//包含视频源头文件
#include "video_source_interface.h"
//包含 opencv 头文件
#include <opencv2/opencv.hpp>
#include <stdio.h>
#include <stdlib.h>
#include <unistd.h>
#include <signal.h>

int g_exit=0;
static int idx=0;
using namespace ai;


//视频源回调类
```

```cpp
class MyCallback : public VideoSourceCallback
{
  public:
    MyCallback()
    {
        //创建一个RGA实例
        rgaInter=getRgaInstance();
    }

    ~MyCallback()
    {
        //销毁RGA
        if(rgaInter)
        {
            delete rgaInter;
            rgaInter=NULL;
        }
    }

    //配置RGA参数
    int setCFG(const int width, const int height, int src_type)
    {
        //源图像宽、高
        srcCfg.width=width;
        srcCfg.height=height;
        //源图像格式
        if(kVideoSourceFmtYuv420sp==src_type)
            srcCfg.format=0xe;
        else if (src_type==kVideoSourceFmtYuv420p)
            srcCfg.format=0xf;
        else if (src_type==kVideoSourceFmtYuv422sp)
            srcCfg.format=0xc;    // RK_FORMAT_YCrCb_422_SP
        //从源图像中截取的大小和位置
        srcCfg.rect.x=0;
        srcCfg.rect.y=0;
        srcCfg.rect.w=width;
        srcCfg.rect.h=height;

        //目标图像的宽、高和格式
        dstCfg.width=width;
        dstCfg.height=height;
        dstCfg.format=0x2;    // RK_FORMAT_RGB_888;
```

```cpp
    //初始化RGA
    rgaInter->RgaInit(srcCfg, dstCfg);
    printf("RgaInit init success..\n");
    return 0;
}

//视频源回调函数,得到摄像头一帧图像的数据、宽、高和格式
virtual void OnVideoSourceDataCallback(const unsigned char *data,
                                       const int   width,
                                       const int   height,
                                       const VideoSourceFmt source_type)
{
    printf("video callback w:%d, h:%d\n", width, height);
    unsigned char *bgrout=nullptr;

    //在第一帧视频源回调时,使用宽、高信息来初始化RGA,只需要初始化一次
    if(first_frame)
    {
        first_frame=false;
        setCFG(width, height, source_type);
    }

    //根据图像类型进行图像转换
    switch (source_type)
    {
        case kVideoSourceFmtYuv420p /*constant-expression*/:
            printf("video_type=%s\n", "kVideoSourceFmtYuv420p");
            /*code*/
            break;
        case kVideoSourceFmtYuv420sp /*constant-expression*/:
            // printf("video_type=%s\n", "kVideoSourceFmtYuv420sp");
            rgaInter->RgaBlit((unsigned char *)data, width*height*3/2, &bgrout);
            break;
        case kVideoSourceFmtYuv422sp /*constant-expression*/:
            printf("video_type=%s\n", "kVideoSourceFmtYuv422sp");
            // rgaInter->RgaBlit
            rgaInter->RgaBlit((unsigned char *)data, width*height*2, &bgrout);
            break;
        case kVideoSourceFmtJpeg /*constant-expression*/:
            printf("video_type=%s\n", "kVideoSourceFmtJpeg");
            break;
        case kVideoSourceFmtRgb888 /*constant-expression*/:
```

```cpp
                printf("video_type=% s\n", "kVideoSourceFmtRgb888");
                break;
            case kVideoSourceFmtRgb8888 /*constant-expression*/:
                printf("video_type=% s\n", "kVideoSourceFmtRgb8888");
                break;
            case kVideoSourceFmtBgr888 /*constant-expression*/:
                printf("video_type=% s\n", "kVideoSourceFmtBgr888");
                break;
            case kVideoSourceFmtRgb565 /*constant-expression*/:
                printf("video_type=% s\n", "kVideoSourceFmtRgb565");
                break;
            default: printf("video_type=% s\n", "unknown"); break;
        }

        //将转换得到的图像转换成 opencv 图像格式
        cv::Mat bgr_img=cv::Mat(dstCfg.height, dstCfg.width, CV_8UC3, (void*)bgrout);
        cv::Mat img=bgr_img.clone();
        char        name[64]={0};
        sprintf(name, "/userdata/image_% d.jpg", idx);
        //保存图像
        int ret=cv::imwrite(name, img);
        printf("save % s  % d\n", name, ret);
        idx++;
    }

    virtual void OnVideoSourceInitStatus(VideoSourceStatus status){}

  private:
    RgaInterface *rgaInter=nullptr;
    RgaCfg       srcCfg;
    RgaCfg       dstCfg;
    bool         first_frame=true;
};

void sig_exit(int sig)
{
    g_exit=1;
}

int main(int argc, char **argv)
{
```

```cpp
//<Ctrl+c>程序退出信号处理
signal(SIGTERM, sig_exit);
signal(SIGINT, sig_exit);

printf("usage: % s /dev/video0 1280 720\n", argv[0]);
if (argc !=4)
    return 0;

char * dev=argv[1];
int   width=atoi(argv[2]);
int   height=atoi(argv[3]);
printf("dev:% s, width:% d, height:% d\n", dev, width, height);

//实现视频源回调类
MyCallback callback;
 VideoSourceInterface * video_source = VideoSourceInterface::Create(CameraTypeMipi, width, height);
if(!video_source)
    return 0;

//初始化视频源,内部线程开始工作,图像数据从callback中回调
video_source->Init(&callback, kVideoSourceTypeCamera, dev);

//等待退出信号
while (!g_exit)
    usleep(100000);

//视频源退出
video_source->Uninit();

return 0;
}
```

对应的 CMakeLists.txt 的代码如下。

```
cmake_minimum_required(VERSION 2.8.11)
set(so_link_libs  video_source rga_hq)
include_directories(./)
set(DEMO_SRC  main.cpp)
set(EXEC_NAME video_source_rga)
add_executable(${EXEC_NAME} ${DEMO_SRC})
target_link_libraries(${EXEC_NAME}  ${so_link_libs} libc.so)
```

3.3 模型量化和推理

模型量化指将高精度的神经网络模型转换为低精度模型的过程。本节主要介绍四种常用框架的模型量化方式，并用图像分类、目标检测和语义分割演示推理的过程。

模型转换指将一个神经网络模型从一种框架转换为另一种框架的过程。模型转换需要用到以下文件：

1）与网络输入相同尺寸的实际应用场景的图片，图片尽可能覆盖所有可能出现的情况。（本节单纯介绍转换、量化和模拟，所以仅使用一张图片进行量化，同样也采用该图片进行推理。）

2）记录图片列表的 txt 文件（纯文本文件）。

3）各类模型的文件。

量化的流程和接口可以直接参考 Rockchip_User_Guide_RKNN_Toolkit 文件，本节主要用实际的例子向读者展示量化和推理过程。

量化用到的是 RKNN 的容器，本节用到的是 RKNN-Toolkit-1.4.0。

```
# 将镜像文件导入到 Docker 中
docker import rknn-toolkit-1.4.0-docker.tar.gz rknn_toolkit:1.4.0
# 创建容器
docker run -v /home:/home --name rknn rknn_toolkit:1.4.0
# -v 代表磁盘的映射 -v /宿主机目录:/容器目录
# 进入容器
docker exec -it rknn /bin/bash
```

3.3.1 TensorFlow

量化 TensorFlow 的权重需要用到的是包含网络和权重的 pb 文件，一般训练过程中保存的 ckpt 文件（模型检查点文件），需要完成一步转换操作。首先准备需要的文件，具体如下。

1）量化图片：image.jpg。

2）图片列表：dataset.txt。

3）模型文件：frozen_inference_graph.pb。

4）推理相关文件：box_priors.txt 预选框、labels_list.txt 标签文件。

5）量化和推理程序：test.py。

代码如下。

```
import numpy as np
import re
import math
```

```python
import random
import cv2
from rknn.api import RKNN

INPUT_SIZE=300
NUM_RESULTS=1917
NUM_CLASSES=91
Y_SCALE=10.0
X_SCALE=10.0
H_SCALE=5.0
W_SCALE=5.0

def expit(x):
    return 1./(1. + math.exp(-x))

def unexpit(y):
    return -1.0 * math.log((1.0 / y) -1.0);

def CalculateOverlap(xmin0, ymin0, xmax0, ymax0, xmin1, ymin1, xmax1, ymax1):
    w=max(0.0, min(xmax0, xmax1) - max(xmin0, xmin1))
    h=max(0.0, min(ymax0, ymax1) - max(ymin0, ymin1))
    i=w * h
    u=(xmax0 - xmin0) * (ymax0 - ymin0) + (xmax1 - xmin1) * (ymax1 - ymin1) - i
    if u <=0.0:
        return 0.0
    return i / u

def load_box_priors():
    box_priors_=[]
    fp=open('./box_priors.txt','r')
    ls=fp.readlines()
    for s in ls:
        aList=re.findall('([-+]?\d+(\.\d*)?|\.\d+)([eE][-+]?\d+)?', s)
        for ss in aList:
            aNum=float((ss[0]+ss[2]))
            box_priors_.append(aNum)
    fp.close()
    box_priors=np.array(box_priors_)
    box_priors=box_priors.reshape(4, NUM_RESULTS)
    return box_priors

if __name__=='__main__':
```

```python
# 始化一个 RKNN 对象
rknn=RKNN()

# 对模型进行通道均值、通道顺序和量化类型等配置
rknn.config(channel_mean_value='127.5 127.5 127.5 127.5', reorder_channel='0 1 2')

# TensorFlow 模型加载,参数中需要传入输入节点、输出节点和输入尺寸
print('--> Loading model')
rknn.load_tensorflow(tf_pb='./frozen_inference_graph.pb',
                     inputs=['FeatureExtractor/MobilenetV1/MobilenetV1/Conv2d_0/BatchNorm/batchnorm/mul_1'],
                     outputs=['concat','concat_1'],
                     input_size_list=[[INPUT_SIZE, INPUT_SIZE, 3]])
print('done')

# 构建 RKNN 模型
print('--> Building model')
# 默认关闭预编译开关,这样才可以在 PC(个人计算机)上推理
rknn.build(do_quantization=True, dataset='./dataset.txt')
print('done')

# 导出 RKNN 模型,该模型可用 rknn.load_rknn 直接载入
print('--> Export RKNN model')
ret=rknn.export_rknn('./weight.rknn')
if ret!=0:
    print('Export weight.rknn failed!')
    exit(ret)
print('done')

# 载入图片
orig_img=cv2.imread('./image.jpg')
img=cv2.cvtColor(orig_img, cv2.COLOR_BGR2RGB)
img=cv2.resize(img, (INPUT_SIZE, INPUT_SIZE), interpolation=cv2.INTER_CUBIC)

# 初始化环境
print('--> Init runtime environment')
ret=rknn.init_runtime()
if ret!=0:
    print('Init runtime environment failed')
    exit(ret)
print('done')
```

```python
# 模型推理
print('--> Running model')
outputs = rknn.inference(inputs=[img])
print('done')

# 1:批次大小;NUM_RESULTS:预选框个数;4:y x h w
predictions = outputs[0].reshape((1, NUM_RESULTS, 4))
# 1:批次大小;NUM_RESULTS:预选框个数;NUM_CLASSES:类别数
outputClasses = outputs[1].reshape((1, NUM_RESULTS, NUM_CLASSES))
candidateBox = np.zeros([2, NUM_RESULTS], dtype=int)
vaildCnt = 0

# 加载预选框
box_priors = load_box_priors()
```

```python
# 处理模型输出
for i in range(0, NUM_RESULTS):
    toPClassScore = -1000
    toPClassScoreIndex = -1

    # 第 0 类是背景
    for j in range(1, NUM_CLASSES):
        score = expit(outputClasses[0][i][j])

        if score > toPClassScore:
            toPClassScoreIndex = j
            toPClassScore = score

    if toPClassScore > 0.4:
        candidateBox[0][vaildCnt] = i
        candidateBox[1][vaildCnt] = toPClassScoreIndex
        vaildCnt += 1

# 解析目标框的位置
for i in range(0, vaildCnt):
    if candidateBox[0][i] == -1:
        continue

    n = candidateBox[0][i]
    ycenter = predictions[0][n][0] / Y_SCALE * box_priors[2][n] + box_priors[0][n]
    xcenter = predictions[0][n][1] / X_SCALE * box_priors[3][n] + box_priors[1][n]
```

```
            h=math.exp(predictions[0][n][2]/H_SCALE)*box_priors[2][n]
            w=math.exp(predictions[0][n][3]/W_SCALE)*box_priors[3][n]

            ymin=ycenter - h / 2.
            xmin=xcenter - w / 2.
            ymax=ycenter + h / 2.
            xmax=xcenter + w / 2.

            predictions[0][n][0]=ymin
            predictions[0][n][1]=xmin
            predictions[0][n][2]=ymax
            predictions[0][n][3]=xmax

    # NMS(非极大值抑制)
    for i in range(0, vaildCnt):
        if candidateBox[0][i] == -1:
            continue

        n=candidateBox[0][i]
        xmin0=predictions[0][n][1]
        ymin0=predictions[0][n][0]
        xmax0=predictions[0][n][3]
        ymax0=predictions[0][n][2]

        for j in range(i+1, vaildCnt):
            m=candidateBox[0][j]

            if m == -1:
                continue

            xmin1=predictions[0][m][1]
            ymin1=predictions[0][m][0]
            xmax1=predictions[0][m][3]
            ymax1=predictions[0][m][2]

            iou=CalculateOverlap(xmin0, ymin0, xmax0, ymax0, xmin1, ymin1, xmax1, ymax1)

            if iou >= 0.45:
                candidateBox[0][j] = -1

    # 绘制结果
```

```python
for i in range(0,vaildCnt):
    if candidateBox[0][i]==-1:
        continue

    n=candidateBox[0][i]

    xmin=max(0.0,min(1.0,predictions[0][n][1])) * INPUT_SIZE
    ymin=max(0.0,min(1.0,predictions[0][n][0])) * INPUT_SIZE
    xmax=max(0.0,min(1.0,predictions[0][n][3])) * INPUT_SIZE
    ymax=max(0.0,min(1.0,predictions[0][n][2])) * INPUT_SIZE

    cv2.rectangle(orig_img,(int(xmin),int(ymin)),(int(xmax),int(ymax)),
                  (random.random()*255,random.random()*255,random.random()*255),3)

cv2.imwrite("out.jpg",orig_img)

# 评估模型性能
rknn.eval_perf(inputs=[img],is_print=True)

# 释放对象
rknn.release()
```

模型评估结果和模型推理结果如图 3-13 和图 3-14 所示。

```
99          convolution.relu.pooling.layer2_2        51
53          tensor.transpose_3                        5
100         convolution.relu.pooling.layer2_2         6
54          tensor.transpose_3                        4
101         convolution.relu.pooling.layer2_2        10
102         convolution.relu.pooling.layer2_2        21
103         fullyconnected.relu.layer_3              13
104         fullyconnected.relu.layer_3               8
Total Time(us): 10622
FPS(600MHz): 70.61
FPS(800MHz): 94.14
Note: Time of each layer is converted according to 800MHz!
================================================================
```

图 3-13 模型评估结果

3.3.2 PyTorch

量化 PyTorch 的权重需要用到的是包含网络和权重的 pth 文件，需要完成一步转换操作，一般这一步会在训练过程中完成，因为网络的搭建必然在训练过程中。用 torchvision.models 量化权重的演示代码如下：

图 3-14 模型推理结果

```
def export_pytorch_model():
    net=models.resnet18(pretrained=True)
    net.eval()
    trace_model=torch.jit.trace(net,torch.Tensor(1,3,224,224))
    trace_model.save('./resnet18.pt')
```

首先准备需要的文件,具体如下。
1)量化图片:image.jpg。
2)图片列表:dataset.txt。
3)模型文件:weight.pth。
4)量化和推理程序:test.py。

代码如下。

```
import numpy as np
import re
import math
import random
import cv2
from rknn.api import RKNN

INPUT_WIDTH=128
INPUT_HEIGHT=64

if __name__=='__main__':
# 始化一个 RKNN 对象
rknn=RKNN()

# 对模型进行通道均值、通道顺序和量化类型等配置
rknn.config(channel_mean_value='127.5 127.5 127.5 127.5',reorder_channel='0 1 2')
```

```python
# PyTorch 模型加载,参数中需要传入模式和输入尺寸
print('--> Loading model')
rknn.load_pytorch(model='weight.pth',input_size_list=[[3,INPUT_HEIGHT,INPUT_WIDTH]])
print('done')

# 构建 RKNN 模型
print('--> Building model')
# 默认关闭预编译开关,这样才可以在 PC 上推理
rknn.build(do_quantization=True,dataset='./dataset.txt')
print('done')

# 导出 RKNN 模型,该模型可用 rknn.load_rknn 直接载入
print('--> Export RKNN model')
ret=rknn.export_rknn('./weight.rknn')
if ret!=0:
    print('Export weight.rknn failed!')
    exit(ret)
print('done')

# 载入图片
img=cv2.imread('./image.jpg')
img=cv2.resize(img,(INPUT_WIDTH,INPUT_HEIGHT),interpolation=cv2.INTER_CUBIC)

# 初始化环境
print('--> Init runtime environment')
ret=rknn.init_runtime()
if ret!=0:
    print('Init runtime environment failed')
    exit(ret)
print('done')

# 模型推理
print('--> Running model')
outputs=rknn.inference(inputs=[img])
print('done')

# 处理模型输出
for i in range(np.array(outputs).shape[3]):
    for j in range(np.array(outputs).shape[4]):
        l1=outputs[0][0][0][i][j]
```

```
        l2=outputs[0][0][1][i][j]
        if l1 > l2:
            img[i][j][0]=0
            img[i][j][1]=0
            img[i][j][2]=0
        else:
            img[i][j][0]=255
            img[i][j][1]=255
            img[i][j][2]=255

cv2.imwrite("out.jpg",img)

# 评估模型性能
rknn.eval_perf(inputs=[img],is_print=True)

# 释放对象
rknn.release()
```

模型评估结果和模型推理结果如图 3-15 和图 3-16 所示。

```
34          deconvolution.layer_2                         234
59          convolution.relu.pooling.layer2_2             576
60          convolution.relu.pooling.layer2_2             294
39          deconvolution.layer_2                         379
61          convolution.relu.pooling.layer2_2             574
62          convolution.relu.pooling.layer2_2             293
63          convolution.relu.pooling.layer2_2             63
Total Time(us): 14645
FPS(600MHz): 51.21
FPS(800MHz): 68.28
Note: Time of each layer is converted according to 800MHz!
==========================================================================
```

图 3-15　模型评估结果

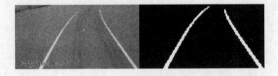

图 3-16　模型推理结果

3.3.3 ONNX

1. 什么是 ONNX

ONNX（Open Neural Network Exchange，开放神经网络交换）格式是一个用于表示深度学习模型的标准，可使模型在不同框架之间进行转移。ONNX 是一种针对机器学习设计的开放式文件格式，用于存储训练好的模型。它使得不同的人工智能框架（如 PyTorch、MXNet）可以采用相同格式存储模型数据并交互。ONNX 的规范及代码主要由 Microsoft（微软）、亚马逊、Facebook 和 IBM（国际商业机器公司）等公司共同开发，以开放源代码的方式托管在 GitHub 上。目前官方支持加载 ONNX 模型并进行推理的深度学习框架有 Caffe2、PyTorch、MXNet、ML.NET、TensorRT 和 CNTK，TensorFlow 也有非官方的版本支持 ONNX。

2. 为什么使用 ONNX

ONNX 是迈向开放式生态系统的第一步，可以理解为神经网络模型保存的中间格式，它支持多种格式的模型转换为 ONNX，可以让不同框架、不同平台的模型在训练完成后有一个共同的表达格式，这样可以让开发人员随着项目的需求及发展选择最合适的工具，同时可以让算法及模型在不同的框架之间迁移，更加方便不同场景下的部署。

简而言之，ONNX 的目的就是提供一个跨框架的模型中间表达框架，用于模型转换和部署。它提供的计算图是通用的，格式也是开源的。

量化 ONNX 就不做详细介绍了，这里借用 PyTorch 的量化方式，将模型转换成 ONNX 后，将

```
rknn.load_pytorch(model='weight.pth',input_size_list=[[3,INPUT_HEIGHT,INPUT_WIDTH]])
```

替换成

```
rknn.load_onnx(model='weight.onnx')
```

即可。

3.4 课后习题

1）简要介绍一下 AIBox。
2）OpenCV 主要用来做什么？
3）模型的转换一般需要用到哪些文件？
4）什么是 ONNX？它有什么作用？

程序代码

第4章 软件安装与部署

4.1 环境依赖搭建

4.1.1 安装 Ubuntu 系统

Ubuntu 是一个以桌面应用为主的 Linux 操作系统，Ubuntu 基于 Debian 发行版和 GNOME 桌面环境，从 11.04 版起，Ubuntu 发行版放弃了 GNOME 桌面环境，改为 Unity。从前人们认为 Linux 难以安装、难以使用，在 Ubuntu 出现后这些都成为了历史。Ubuntu 也拥有庞大的社区力量，用户可以方便地从社区获得帮助。深度学习的训练任务基本是在 Ubuntu 系统下进行的，所以下面介绍如何安装 Ubuntu 系统。

安装 Ubuntu 前需要做好以下准备：

1）Ubuntu 的映像，可以从官网下载：https://www.ubuntu.org.cn/downloads/desktop。
2）刻录软件，建议使用 UltraISO（软碟通），可以从官网下载：https://cn.ultraiso.net。
3）容量大于 4G 的 U 盘。
4）EasyBCD 软件，用于设置系统引导。MBR（主引导记录）需要 EasyBCD 引导，而 UEFI（统一可扩展固件接口）不需要。

1. 在预装 Windows 的情况下安装 Ubuntu 系统的准备工作

（1）必要准备　当前市面上的计算机购买回来通常都是预装 Windows 的，下面就以 Windows 11 为例，介绍如何在计算机上安装 Ubuntu 系统。

首先需要知道计算机的类型，主要有以下四种：

1）单个硬盘，MBR 传统 BIOS（基本输入输出系统）。
2）双硬盘（固态硬盘和机械硬盘），MBR 传统 BIOS。
3）单个硬盘，UEFI 新 BIOS。
4）双硬盘，UEFI 新 BIOS。

目前大部分计算机都是 UEFI 新 BIOS，为了确认可以在"运行"窗口输入"msinfo32"，再按<Enter>键查看。"运行"窗口可以通过按<Windows＋R>或直接在"开始"中搜索"运行"（见图 4-1）的方式打开。

在"系统信息"窗口的"系统摘要"中可以看到 BIOS 模式，如图 4-2 所示。如果显示"传统"，说明是 MBR 传统 BIOS；如果显示"UEFI"，说明是 UEFI 新 BIOS。

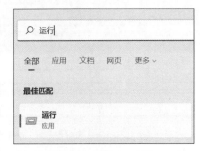

图 4-1　搜索"运行"

购买计算机时一般都会注明硬盘数量和类型，如果不清楚可以右击桌面上的"此电脑"图标，单击"管理"命令进行查看，如图 4-3 所示。

查看磁盘管理（见图 4-4），看右下角有几个磁盘对应的就是几个硬盘，如果有更多还可以支持下滑查看。

图 4-2　查看 BIOS 模式

图 4-3　单击"管理"命令

图 4-4　磁盘管理

　　如果桌面没有"此电脑"图标，可以直接在桌面空白处右击，再单击"个性化"→"主题"→"桌面图标设置"，在弹出的对话框中勾选"计算机"，再单击"确定"按钮，如图 4-5 所示，桌面即可出现"此电脑"图标，此时再右击"此电脑"图标查看硬盘信息。

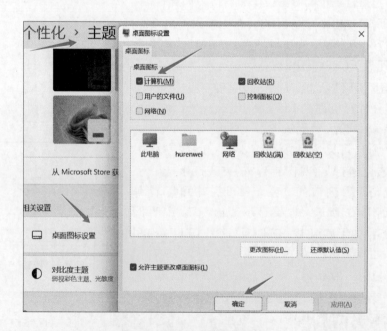

图 4-5　显示"此电脑"图标

(2) 安装步骤　下面开始正式安装步骤。

可能有人认为 UEFI 用 Ubuntu 作引导，当需要删除 Ubuntu 时会很麻烦，但其实很简单，只需要在磁盘管理中删除对应的卷，再使用 DiskGenius 删除 UEFI 创建的 EFI（可扩展固件接口）系统分区就可以了。

下面以 UEFI 用 Windows 作引导为例进行介绍。

1）创建空白磁盘分区。右击"此电脑"图标，单击选择"管理"→"存储"→"磁盘管理"，便可以看到计算机的磁盘空间。找到最后一个盘，右击，选择"压缩卷"，如图 4-6 所示。

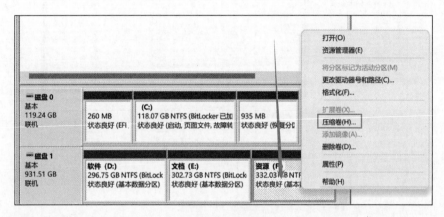

图 4-6　压缩卷

2）设置压缩空间量。如果空间太小，可以把文件移动到其他地方，保证有 40GB 左右的空间，当然越多越好，40GB 换算成以 MB 为单位后输入文本框中，单击"压缩"按钮，如图 4-7 所示，等待一会后就会在这个磁盘后面多出一块未分配的黑色分区，如图 4-8 所示。

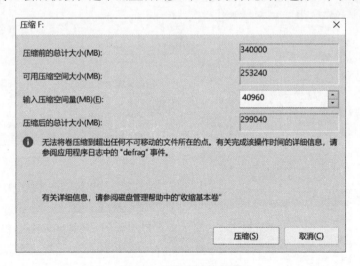

图 4-7　设置压缩空间量

3）将下载好的 Ubuntu 映像刻录至 U 盘。打开 ULtralSO，单击图 4-9 中的箭头处，找到映像保存位置，单击该映像后会出现如图 4-9 所示的文件。

图 4-8 未分配分区

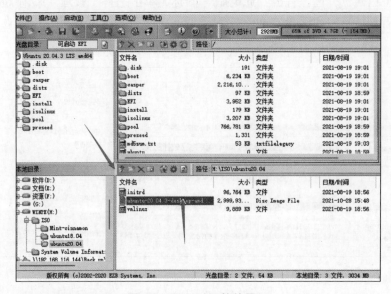

图 4-9 ULtralSO 软件界面

4)打开"启动"菜单,选择"写入硬盘映像"命令,如图 4-10 所示。

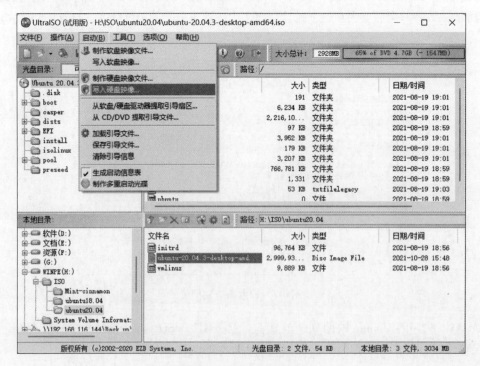

图 4-10 写入硬盘映像

"写入硬盘映像"对话框如图 4-11 所示。

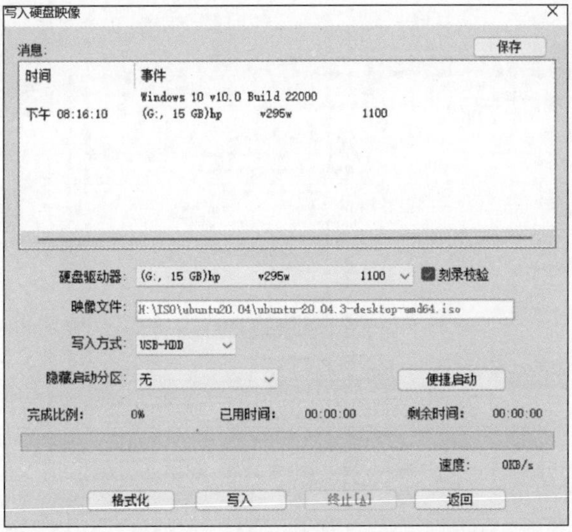

图 4-11 "写入硬盘映像"对话框

这时有以下三点需要注意：
① 硬盘驱动器必须与 U 盘对应。
② 映像文件是否选对。
③ U 盘的文件需要备份，因为这里会格式化 U 盘。
等待写入完成后即可拔出 U 盘，退出程序。

2. 安装 Ubuntu 系统

计算机有很多不同的厂商，每个厂商进入 BIOS 的方法也不尽相同，但自行查阅说明书一般都是可以进入 BIOS 系统的，这里的设置差别比较多，一定要仔细，避免返工。具体安装 Ubuntu 系统的步骤可以在网上搜索详细教程，此处不再详细介绍。

4.1.2 安装 WSL

开发环境不止一种，读者可以直接在 Ubuntu 下开发，也可以在 Windows 下建立虚拟机，在虚拟机中安装 Ubuntu 系统。本小节介绍的是在 Windows 10 环境下，使用 WSL 进行开发，并附带 VSCode 辅助编写调试。

1）在"控制面板"→"程序"中勾选"适用于 Linux 的 Windows 子系统"，如图 4-12 所示，然后重启计算机。

2）打开 Microsoft Store（微软商店），搜索 Ubuntu 并安装。不要直接选 Ubuntu，因为那样会下载最新版，这里用 Ubuntu 18.04 LTS，如图 4-13 所示。

3）安装结束后，在"开始"菜单中找到 Ubuntu 图标（一般就在最上方）单击打开，然后开始初始化 Ubuntu 并配置用户名和密码等，注意输入密码时是看不见的，但是已经输入进去了，输入密码后需要确认密码。

4）更换软件源为国内源，并安装必要工具。

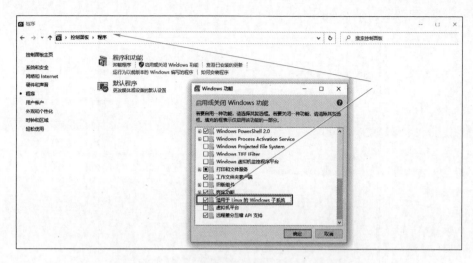

图 4-12　启用 WSL 功能

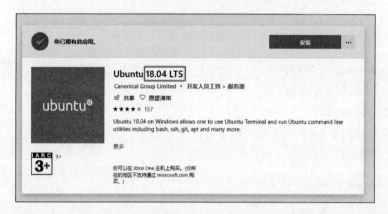

图 4-13　安装 Ubuntu 18.04 LTS

```
# 备份
sudo cp/etc/apt/sources.list/etc/apt/sources.list.bak
# 修改
sudo vi/etc/apt/sources.list
# 使用下面的源替换旧的内容
deb http://mirrors.aliyun.com/ubuntu/ bionic main restricted universe multiverse
deb-src http://mirrors.aliyun.com/ubuntu/ bionic main restricted universe multi-verse
deb http://mirrors.aliyun.com/ubuntu/ bionic-security main restricted universe mul-tiverse
deb-src http://mirrors.aliyun.com/ubuntu/ bionic-security main restricted uni-verse multiverse
deb http://mirrors.aliyun.com/ubuntu/ bionic-updates main restricted universe mul-tiverse
```

```
deb-src http://mirrors.aliyun.com/ubuntu/ bionic-updates main restricted universe multiverse
deb http://mirrors.aliyun.com/ubuntu/ bionic-backports main restricted universe multiverse
deb-src http://mirrors.aliyun.com/ubuntu/ bionic-backports main restricted universe multiverse
deb http://mirrors.aliyun.com/ubuntu/ bionic-proposed main restricted universe multiverse
deb-src http://mirrors.aliyun.com/ubuntu/ bionic-proposed main restricted universe multiverse
# 更新系统至最新
sudo apt-get update && sudo apt-get upgrade
# 安装 CMake,zlib。交叉编译工具链中的 GDB 依赖 libpython2.7-dev
sudo apt install cmake git build-essential zlib1g-dev libpython2.7-dev--no-install-recommends
```

5）配置环境变量。RK1808 所需要的交叉编译工具链可以在本书附赠的工具包中获取，把下载好的交叉编译工具链压缩包存放在 Ubuntu 的根目录（/home/用户名）下，然后在终端解压 tools.tar.gz。

```
tar -zxvf tools.tar.gz
```

工程编译需要直接将交叉编译工具链配置到路径（PATH）中，具体的路径根据实际情况有所不同，本处是将解压后的 tools 文件夹放在 D 盘目录下，代码如下，具体操作如图 4-14 所示。

图 4-14　将交叉编译工具链配置到路径中

```
vim ~/.bashrc
# <shift> + <g> 跳到文件末尾,使用"i"进入插入模式,增加如下内容,保存后退出
export
#这里路径根据实际情况配置
PATH=$ PATH:/mnt/d/tools/rk1808/prebuilts/gcc/linux-x86/aarch64/gcc-linaro-6.3.1-2017.05-x86_64_aarch64-linux-gnu/bin/
```

```
# 使之生效
source ~/.bashrc
```

验证交叉编译工具链配置是否正常，代码如下，具体操作如图 4-15 所示。

```
aarch64-linux-gnu-gcc --version
aarch64-linux-gnu-g++ --version
```

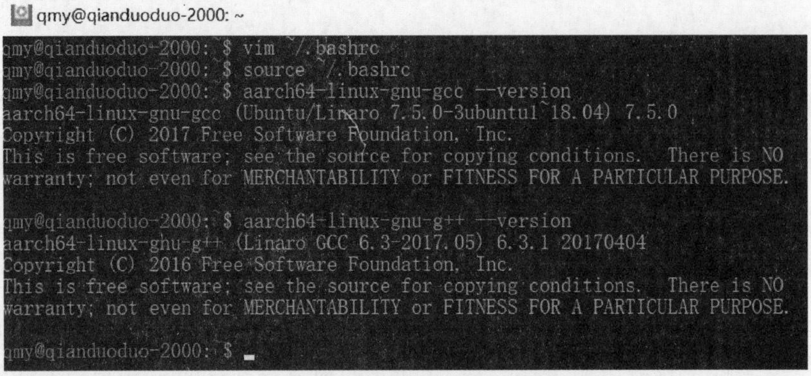

图 4-15　验证交叉编译工具链配置是否正常

6）添加 WSL 路径，如图 4-16~图 4-18 所示。

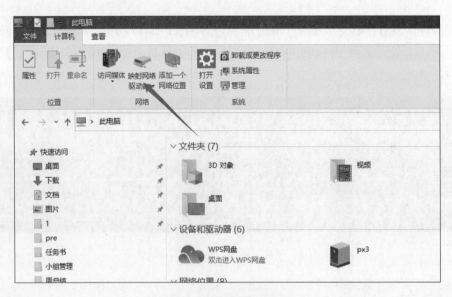

图 4-16　映射网络驱动器

7）使用 VSCode Remote 开发。VSCode 官网地址为 https://code.visualstudio.com/，依据系统选择对应的版本下载即可。

使用 VSCode 在 WSL 下编程必要的插件是 Remote-WSL，如图 4-19 所示。

其时读者可以安装一些方便开发的插件，如 CMake Tools、C/C++。

第 4 章　软件安装与部署

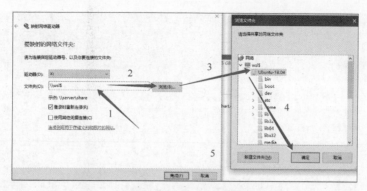

图 4-17　选择 WSL 路径

图 4-18　WSL 目录

图 4-19　Remote-WSL 插件

　　书中对应的所有项目工程可以从本教材附赠的工具包中获取,将工程存放在 WSL 的目录后,使用 VSCode 的 WSL 插件即可进行开发。
　　单击左下角,选择"New WSL Window"命令,新建 WSL 窗口,如图 4-20 所示。
　　打开"文件"菜单,单击"打开文件夹",选择项目路径,单击"确定"按钮,如图 4-21 所示。

图 4-20 新建 WSL 窗口

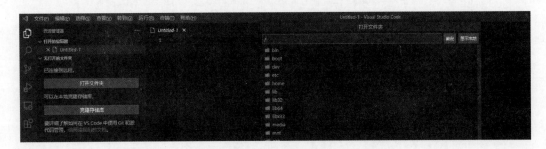

图 4-21 选择项目路径

4.1.3 系统设置

安装好 Ubuntu 系统之后,需要修改系统中的某些设置和安装必要的软件,例如修改系统时间、apt 源等设置和安装 VIM 等。

1. 修改系统时间

Ubuntu 认为 BIOS 的时间是 UTC(协调世界时),而 Windows 则认为是本地时间,所以如果是双系统,Ubuntu 和 Windows 的时间会相差 8 个小时,这样就会导致切换系统时出现时间差。为了使双系统的时间保持一致,需要修改 Ubuntu 的时间。

打开终端,执行如下命令即可。

```
$ sudo timedatectl set-local-rtc 1 --adjust-system-clock
```

2. 安装 VIM

在 Linux 下工作离不开 VIM，不管是后续更换 apt 或 Conda 源，还是设置环境变量等操作，都需要 VIM 来对文件进行读写等操作。VIM 的安装、配置修改和一些基本操作如下。

（1）安装 VIM　代码如下。

```
$ sudo apt install vim
```

（2）修改 VIM 的配置　VIM 的默认显示配色可能不那么合理，但勉强能用。如果想拥有更适用的配色方案和更多的功能、模式，使得 VIM 对文件的读写操作更加方便，可对 vimrc 文件进行以下配置。

首先下载 molokai 配色方案并安装。下载 molokai 配色方案，得到的是一个 molokai 文件夹，需要的 molokai.vim 配色插件放置在 molokai/colors 文件夹下，代码如下。

```
$ sudo git clone https://github.com/tomasr/molokai
```

安装 molokai，首先在用户文件夹下新建 .vim/colors 文件夹，代码如下。

```
$ sudo cd /myuserdir
$ sudo mkdir .vim/colors
```

然后将下载的 molokai.vim 文件放入 /myuserdir/.vim/colors 文件夹中，最后按以下步骤在 VIM 中使用 molokai.vim 配色方案。

1）在 /home 目录下使用 vim 命令自动创建 vimrc 文件。

```
$ sudo vim ~/.vimrc
```

2）在 vimrc 文件中写入需要的配置。

```
" VIM 背景色
set background=dark
" VIM 的一种配色方案
colorscheme molokai
" VIM 写入文件时采用的编码类型
set fileencodings=utf-8,ucs-bom,gb18030,gbk,gb2312,cp936
" 输出到终端时采用的编码类型
set termencoding=utf-8
" 缓存的文本、寄存器、VIM 脚本文件
set encoding=utf-8
" 显示行号
set number
" 突出显示当前行
set cursorline
" 突出显示当前列
```

```
set cursorcolumn
" highlight 个性化设置当前行和当前列的高亮属性,通过":h highlight"命令,可以查看详细信息
" cterm 表示原生 VIM 设置样式,设置为 NONE 表示可以自定义设置
" ctermbg 表示设置终端 VIM 的背景色,ctermfg 表示设置终端 VIM 的前景色
" 大多使用 VIM 终端打开文件,因此只设置终端下的样式,guibg 和 guifg 设置为 NONE
" 颜色选择:red(红),white(白),black(黑),green(绿),yellow(黄),blue(蓝),purple(紫),
gray(灰),brown(棕),tan(褐色),syan(青色)
highlight CursorLine cterm=NONE ctermbg=white ctermfg=NONE =NONE guifg=NONE
highlight CursorColumn cterm=NONE ctermbg=white ctermfg=NONE guibg=NONE guifg
=NONE
" 显示当前括号匹配
set showmatch
" 设置 Tab 长度为 4 空格
set tabstop=4
" 设置自动缩进长度为 4 空格
set shiftwidth=4
" 继承前一行的缩进方式,适用于多行注释
set autoindent
" 设置粘贴模式
set paste
" 可以从 VIM 复制到剪切板中
set clipboard=unnamed,unnamedplus
" 显示空格和 Tab
set list listchars=tab:>-,trail:-
" 显示 80 个字符的竖线
set textwidth=80
set colorcolumn=+1
" 总是显示状态栏
set laststatus=2
" 显示光标当前位置
set ruler
" 打开语法高亮
syntax enable
" 允许使用指定的语法高亮配色方案替换默认方案
syntax on
" 侦测文件类型
filetype on
" 根据侦测到的不同类型加载不同的插件
filetype plugin on
" 不与 vi 兼容
set nocompatible
" 高亮显示匹配结果
```

```
set hlsearch
" 搜索时候实时匹配,并跳到第一个匹配处
set incsearch
" 设置用 Tab 进行命令补全
set wildmenu
set wildmode=longest:list,full
```

（3）VIM 的一些基本操作　VIM 通常可分为四种模式，分别是普通模式、插入模式、命令模式和可视模式。下面介绍进入各种模式的方式以及在不同的模式下可执行的操作。

1）普通模式。打开或者新建文件，进入普通模式，命令如下。

```
$ vim xxx.txt/.cpp/.py
```

按<Esc>键可从任意模式退回普通模式。在普通模式下，可进行移动、复制、粘贴和删除等操作，命令如下。

```
G           "移动到末行,查看有多少行
gg          "移动到首行
10G         "移动到第 10 行
Home/0/Shift+4/  "移动到行首
End/ $ /Shift+6/  "移动到行尾
/xxx + Enter    "从当前位置向下查找关键字,按<n>键移动到下一位置
? xxx + Enter   "从当前位置向上查找关键字,按<n>键移动到下一位置
dd          "删除或剪切整行
D           "删除或剪切一行字符,保留空行
2dd/2D      "删除或剪切当前行和下一行
dG          "删除或剪切光标所在行和之后的所有行,光标定位到首行则可删除或剪切所有内容
d $         "删除或剪切光标位置到行尾的内容
u           "撤销,按<Ctrl + r>键可以恢复撤销
yy          "复制当前行,包括换行符
3yy         "复制光标所在行和之后的两行,包括换行符
y $         "复制光标到行尾内容,不包括换行符
y^          "复制光标到行首内容
p           "将内容粘贴到光标之后
P           "将内容粘贴到光标之前
```

2）插入模式。在普通模式下，通过<i>、<a>、<o>、<I>、<A>和<O>键均可进入插入模式。在命令模式下，首先按<Esc>键退回普通模式，再通过上述键进入插入模式。

在插入模式下，可进行文本输入、删除等操作，命令如下。

```
i           "在光标之前插入
a           "在光标之后追加
o           "在光标所在行的下一行增加新的一行
```

```
I        "在行首处插入
A        "在行尾处追加
O        "在光标所在行的上一行增加新的一行
```

3) 命令模式。在普通模式下，通过冒号":"进入命令模式。在插入模式下，首先按<Esc>键退回普通模式，再通过冒号进入命令模式。

在命令模式下，可对整个文档进行保存、退出和行号设置等操作，命令如下。

```
:set nu            "设置行号
:set nonu          "取消行号设置
:set shiftwidth?   "查看当前文本缩进设定值
:set shiftwidth=12 "设置文本缩进
:set autoindent/ai "设置自动缩进
:set autowrite/aw  "设置自动存档
:q                 "直接退出
:wq                "保存并退出
```

4) 可视模式。在普通模式下，通过<v>、<V>和<Ctrl+v>键进入不同的可视化模式。在其他模式下，首先按<Esc>键退回普通模式，再通过上述键进入可视化模式。

在可视化模式下，可对文本进行复制、剪切和粘贴等操作，命令如下。

```
v        "字符可视化模式,选择文本是以字符为单位
V        "行可视化模式,选择文本是以行为单位
Ctrl+v   "块可视化模式,选择文本是以矩形区域为单位,按下<Ctrl+v>键为选择矩形的一角,光标最终
         的位置为矩形的另一角
```

3. 更换 apt 源

Ubuntu 默认使用的官方 apt 源的服务器在国外，从国内访问速度非常慢。为了加快访问速度，需要把官方 apt 源更换为国内 apt 源。国内 apt 源有清华源、中科大源和阿里云源等，地址如下。

清华源：http://mirrors.tuna.tsinghua.edu.cn/ubuntu/。
中科大源：https://mirrors.ustc.edu.cn/ubuntu/。
阿里云源：http://mirrors.aliyun.com/ubuntu/。

更换 apt 源的步骤如下，以下所有命令均在终端执行。

(1) 获取当前 Ubuntu 的 Codename 命令和显示结果如下。

```
$ sudo lsb_release-a
Distributor ID:         Ubuntu
Description:            Ubuntu 18.04.5 LTS
Release:                18.04
Codename:               bionic
```

根据如上显示结果，可以看到 Ubuntu 18.04.5 LTS 的 Codename 是 bionic，更换 apt 源时需要对应该信息。

（2）修改源文件 source.list

1）进入源文件 source.list 存放目录。Ubuntu 的源文件 source.list 存放在/etc/apt 目录下，按如下命令进入该目录。

```
$ sudo cd/etc/apt
```

2）修改前备份该文件，命令如下。

```
$ sudo cp-r source.list source.list.bak
```

3）修改源文件 source.list，步骤和命令如下。

首先清空源文件 source.list，然后打开并将如下内容复制到 source.list 中，可以利用 VIM 打开文件进行复制、清空、粘贴、修改和保存并退出等操作。

```
deb http://mirrors.tuna.tsinghua.edu.cn/ubuntu/ bionic main universe restricted multiverse
deb http://mirrors.tuna.tsinghua.edu.cn/ubuntu/ bionic-security main universe restricted multiverse
deb http://mirrors.tuna.tsinghua.edu.cn/ubuntu/ bionic-updates main universe restricted multiverse
deb http://mirrors.tuna.tsinghua.edu.cn/ubuntu/ bionic-proposed main restricted universe multiverse
deb http://mirrors.tuna.tsinghua.edu.cn/ubuntu/ bionic-backports main universe restricted multiverse
deb-src http://mirrors.tuna.tsinghua.edu.cn/ubuntu/ bionic main universe restricted multiverse
deb-src http://mirrors.tuna.tsinghua.edu.cn/ubuntu/ bionic-security main universe restricted multiverse
deb-src http://mirrors.tuna.tsinghua.edu.cn/ubuntu/ bionic-updates main universe restricted multiverse
deb-src http://mirrors.tuna.tsinghua.edu.cn/ubuntu/ bionic-proposed main restricted universe multiverse
deb-src http://mirrors.tuna.tsinghua.edu.cn/ubuntu/bionic-backports main universe restricted multiverse
```

如果想将默认源更换为除清华源之外的其他源，只需将"http://mirrors.tuna.tsinghua.edu.cn/ubuntu/"部分更换为其他源的地址即可。另外，如果使用的 Ubuntu 版本不是 18.04.5 LTS，则需要将 bionic 替换成第（1）步中的 Codename。

（3）更新软件列表和升级 命令如下。

```
$ sudo apt-get update
$ sudo apt-get upgrade
```

更改源后能显著提高软件下载速度，有助于后续很多软件联网下载。

4. 安装 Git

Git 是一个开源的分布式版本管理系统，可以有效、高速地管理项目版本。

（1）安装 Git　命令如下。

```
$ sudo apt install git
```

（2）Git 基本命令

```
git clone xxx       "将远程 Git 仓库克隆至本地仓库,xxx 为远程仓库地址
git branch dev      "创建分支名 dev
git checkout dev    "切换到 dev 分支,可在此分支上修改项目文件,完成后提交主分支 master
git add .           "将修改后的文件提交至暂存区
git commit-m        "将暂存区的文件提交至本地仓库,"m"为修改内容
git push-u origin dev      "将本地仓库 dev 分支推送到远程仓库
git checkout master        "切换到主分支
git pull            "将本地仓库更新至与远程仓库一致
git merge dev       "将 dev 分支的项目文件合并到主分支
git push-u origin master   "将本地仓库主分支推送至远程仓库
git diff            "查看当前与上一次提交的文件修改之处
git status          "查看暂存区状态
```

（3）Git 密钥生成　用于本地与 GitHub 账户之间通信，步骤和命令如下。

首先，在终端使用如下命令，引号内为 GitHub 的邮箱注册地址，可根据需要修改。连续按<Enter>键，在/root/.ssh 下生成 id_rsa 和 id_rsa.pub 两个文件。

```
$ sudo ssh-keygen-t rsa-C "xxx@hopechart.com"
```

然后利用 VIM 打开/root/.ssh 文件夹下的 rsa.pub，并复制其所有内容。

最后，登录 GitHub 账户，进入"SSH keys"设置，单击"Add new"按钮，将内容粘贴至"Key"文本框中。

经过上述操作，就可以建立本地与 GitHub 账户之间的通信，然后推送和拉取仓库了。

5. 安装显卡驱动

在 Ubuntu 18.04 上安装英文版英伟达（NVIDIA）显卡驱动有以下三种方法：使用标准 Ubuntu 仓库进行自动化安装，使用 PPA（个人软件包）仓库进行自动化安装，以及使用官方的英伟达驱动进行手动安装。

本节只介绍第三种安装方法，其余方法请自行查阅相关资料了解。第三种方法的安装步骤如下。

1）从官网下载驱动。进入官网下载网址 https://www.nvidia.cn/geforce/drivers/，按照图 4-22 所示进行操作，在"手动搜索驱动程序"栏根据自己的 GPU 填写相关信息，然后单

击"开始搜索"按钮,搜索结果会在网页下方显示,如图4-23所示。

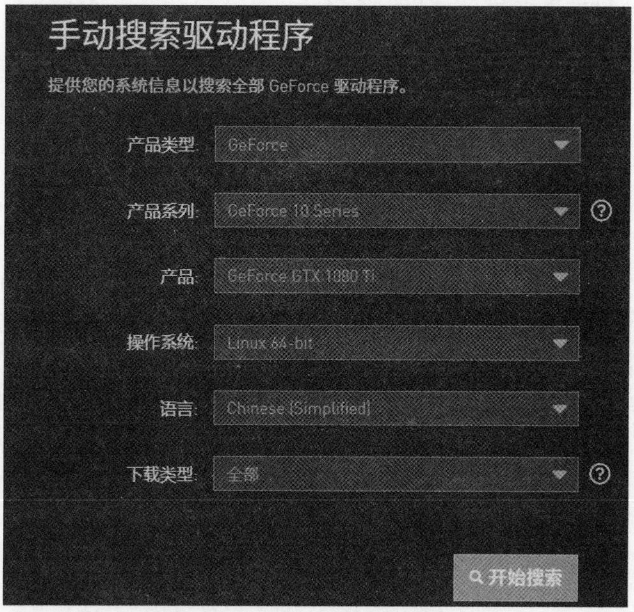

图4-22 英伟达官网驱动搜索信息填写

图4-23 英伟达官网驱动程序搜索结果显示

选择最新的稳定版进行下载,当前是510.54版本,下载完成后,得到一个run格式的驱动文件NVIDIA-Linux-x86_ 64-510.54.run。

2)如果系统是UEFI引导的话,在BIOS里面清除安全启动(Secure Boot),步骤和命令如下。

首先使用如下命令,查看是否有输出。

```
$ sudo lsmod |grep nouveau
```

如果上述命令有输出，打开/etc/modprobe.d/blacklist.conf 文件，在文件的末尾输入 blacklist nouveau 后运行如下命令，使更改生效。

```
$ sudo update-initramfs-u
```

然后重启系统。系统重启后，重新运行如下命令，查看是否有输出。

```
$ sudo lsmod | grep nouveau
```

如果没有输出，就可以开始后面的操作，否则检查之前的操作是否有误。

3）登录系统，按下<Ctrl+Alt+F2>键进入字符模式。

首先运行如下命令，停止界面。

```
$ sudo service lightdm stop
```

然后给驱动文件赋予运行权限，命令如下。

```
$ sudo chmod +x NVIDIA-Linux-x86_64-410.78.run
```

最后安装驱动的依赖。

```
$ sudo apt install gcc g++ make
$ sudo ./NVIDIA-Linux-x86_64-410.78.run-no-x-check-no-nouveau-check-no-opengl-files
```

按照要求一步一步安装即可，注意"-no-opengl-files"一定不能省略，否则不能正常启动系统。

4）重启系统，运行如下命令，测试是否安装成功。

```
$ nvidia-smi
```

出现如图 4-24 所示的情况，说明驱动安装成功，否则请检查之前操作是否有误。

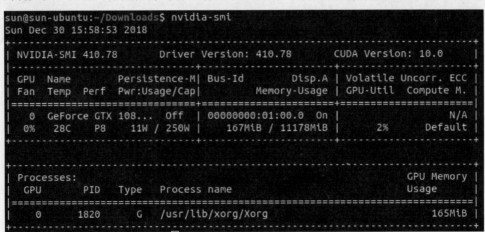

图 4-24　英伟达驱动安装成功

5）禁止更新内核版本。

我们通常会选择使用"sudo apt update"命令来更新缓存，使用"sudo apt upgrade"命令来更新软件。但是这时如果有更新的话，之前安装过的驱动就有可能出问题，所以禁止更新内核版本。具体操作如下。

首先查看正在使用的内核版本，命令如下。

```
$ uname-a
```

然后查看已经安装的内核版本，命令如下。

```
$ dpkg--get-selections xxx
```

最后禁止更新内核版本，命令如下。

```
$ sudo apt-mark hold linux-image-4.XX.X-XX-generic
$ sudo apt-mark hold linux-image-extra-4.XX.X-XX-generic
```

运行结果如图 4-25 所示。

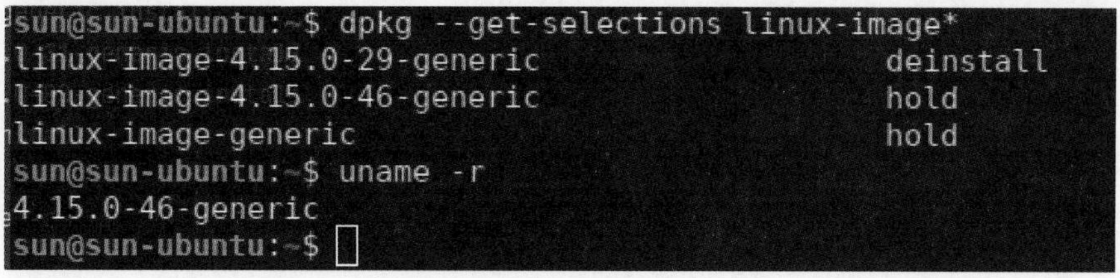

图 4-25　运行结果

这样就实现了使用："Sudo apt upgrade"命令，不更新内核版本的功能。

6. 安装 CUDA 和 cuDNN

CUDA 是一种通用并行计算架构，该架构使 GPU 能够解决复杂的计算问题，并且大幅提升计算性能，从而加速深度学习模型的训练速度。安装 CUDA 和 cuDNN（CUDA 深度神经网络库）的步骤如下。

1）下载 CUDA。进入官网下载网址 https://developer.nvidia.com/cuda-downloads，如图 4-26 所示，选择以前的 CUDA 版本，找到如图 4-27 所示的 CUDA 版本并单击，随后按如图 4-28 所示选择对应的 Linux 系统相关信息，可得到对应的 CUDA 版本。下载 CUDA，建议下载 run 格式的驱动文件。

2）安装 CUDA 依赖。

```
$ sudo apt-get install freeglut3-dev build-essential libx11-dev libxmu-dev libxi-dev libgl1-mesa-glx libglu1-mesa libglu1-mesa-dev
```

3）安装 CUDA。

安装开始时，会询问是否安装显卡驱动，一定要选择"no"，因为前面已经装过了。

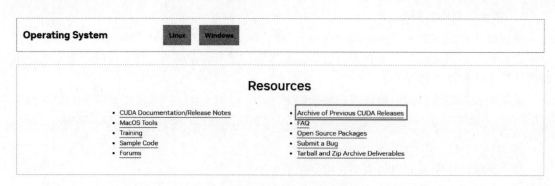

图 4-26 以前的 CUDA 版本

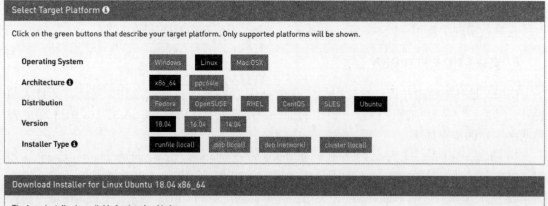

图 4-27 CUDA 版本

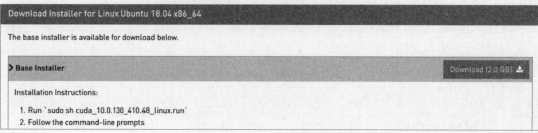

图 4-28 CUDA 版本下载

4）安装 cuDNN。

cuDNN 实际上是一个用于深度神经网络的 GPU 加速库。安装前需要自行注册英伟达官网账号，安装步骤如下。

首先进入官网下载网址 https://developer.nvidia.com/rdp/cudnn-archive#a-collapse742-10，下载与 CUDA 版本对应的 cuDNN 压缩包，如图 4-29 所示，实际上里面就是单纯的头文件和库。

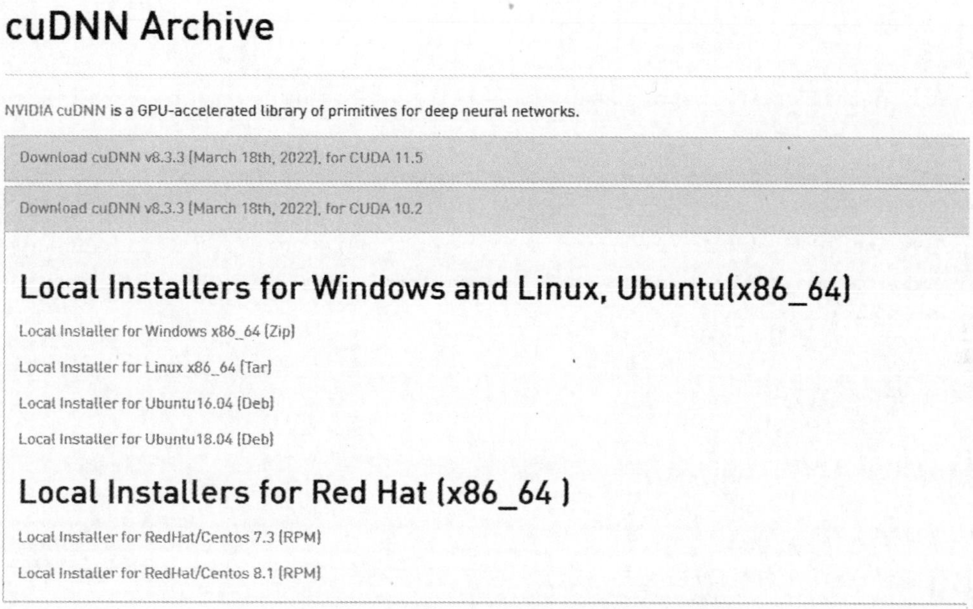

图 4-29 下载与 CUDA 版本对应的 cuDNN 压缩包

然后解压 cuDNN 压缩包，命令如下。

```
$ sudo tar-zxvf cudnn-10.0-linux-x64-v7.6.24.tar
```

最后将解压后的 CUDA 文件夹拷贝到 CUDA 的安装目录下即可，命令如下。

```
$ sudo cp-r cudnn-10.0-linux-x64-v7.6.24/cuda/*/usr/local/cuda/
```

通常还需要配置环境变量，例如在 ~/.bashrc 文件末尾添加如下内容。

```
# cuda
export PATH=/usr/local/cuda-10.0/bin:$ PATH
export LD_LIBRARY_PATH=/usr/local/cuda-10.0/lib64:$ LD_LIBRARY_PATH
```

7. 安装 Docker 和 NVIDIA-Docker

Docker 是什么？通常的回答是：一个轻量级的虚拟机。Docker 最大的好处就是可以打包很复杂的编译环境、深度学习训练环境等，在 Docker 中配置的环境不会对主机的物理环境产生任何影响。但是 Docker 有一个致命的缺点，就是不能直接使用物理机上的 GPU，而我们却又需要使用 GPU，那该怎么办呢？有需求，就有人满足需求，于是就有了 NVIDIA-Docker 的横空出世。NVIDIA-Docker 本质上是 Docker 的一个扩展插件，有了它就能在 Docker 中使用 GPU 了。

1）安装 Docker，命令如下。全新安装时，无须执行第一行。

```
sudo apt remove docker docker-engine docker.io
sudo apt update
#添加依赖
sudo apt install apt-transport-https ca-certificates curl software-properties-common

#添加 Docker 仓库
curl-fsSL http://mirrors.aliyun.com/docker-ce/linux/ubuntu/gpg | sudo apt-key add-
sudo add-apt-repository "deb [ arch = amd64 ] http://mirrors.aliyun.com/docker-ce/linux/ubuntu $ (lsb_release-cs)stable"
sudo apt update
#安装 Docker
sudo apt install docker-ce
# 添加 Docker 用户组
sudo groupadd docker
# 将登录用户加入到 Docker 用户组中
sudo gpasswd-a $ {USER} docker
sudo service docker restart
# 更新用户组
newgrp-docker
```

测试 Docker 是否安装正确。若能输出以下信息，说明安装正确。

```
docker run hello-world
Unable to find image 'hello-world:latest' locally
latest: Pulling from library/hello-world
d1725b59e92d: Pull complete
Digest:
sha256:0add3ace90ecb4adbf7777e9aacf18357296e799f81cabc9fde470971e499788
Status: Downloaded newer image for hello-world:latest
Hello from Docker!
This message shows that your installation appears to be working correctly.
……
```

2）安装 NVIDIA-Docker2。全新安装时，无须执行前两行。

```
$ docker volume ls-q-f driver=nvidia-docker |xargs-r-I{}-n1 docker ps-q-a-f volume={} |xargs-r docker rm-f
```

```
$ apt-get purge-y nvidia-docker
# 添加 NVIDIA-Docker 仓库
$ curl-s-L https://nvidia.github.io/nvidia-docker/gpgkey | sudo apt-key add-
distribution=$ (./etc/os-release;echo $ ID $ VERSION_ID)
$ curl-s-L https://nvidia.github.io/nvidia-docker/ $ distribution/nvidia-docker.list |
sudo tee/etc/apt/sources.list.d/nvidia-docker.list
$ apt update
# 安装 NVIDIA-Docker2 并重载 Docker 进程配置
$ apt install-y nvidia-docker2
$ pkill-SIGHUP dockerd
# 测试是否安装成功
$ docker run--runtime=nvidia--rm nvidia/cuda nvidia-smi
```

4.1.4 深度学习环境搭建

深度学习环境是指可用于深度神经网络训练的运行环境，每一种训练环境包括 Python 版本、可用的深度学习框架及其版本、对应的 CUDA 和 cuDNN 版本、其他依赖等，而深度学习环境可以是几种训练环境的集成。下面主要介绍 PyTorch、Caffe 和 TensorFlow 这三种框架下的深度学习环境搭建。

1. 安装 Anaconda

Anaconda 主要用于包、依赖项和运行环境的管理，其虚拟环境可以方便地解决不同框架下多个版本训练环境的并存和切换问题，即每一个虚拟环境都是一个单独的训练环境，利用 Conda 命令可以在不同的训练环境之间来回切换。下面介绍一下 Anaconda 的安装步骤。

1) 官网下载 Anaconda。进入官网的历史版本下载页面：https://repo.anaconda.com/archive/，单击选择 Linux 对应版本的 Anaconda，如图 4-30 所示，下载完成后得到文件 Anaconda3-2021.11-Linux-x86_64.sh。

```
Anaconda3-2021.11-Windows-x86.exe           404.1M   2021-11-17 12:08:45
Anaconda3-2021.11-Windows-x86_64.exe        510.3M   2021-11-17 12:08:45
Anaconda3-2021.11-MacOSX-x86_64.sh          508.4M   2021-11-17 12:08:44
Anaconda3-2021.11-MacOSX-x86_64.pkg         515.1M   2021-11-17 12:08:44
Anaconda3-2021.11-Linux-x86_64.sh           580.5M   2021-11-17 12:08:44
Anaconda3-2021.11-Linux-s390x.sh            241.7M   2021-11-17 12:08:44
Anaconda3-2021.11-Linux-ppc64le.sh          254.9M   2021-11-17 12:08:44
Anaconda3-2021.11-Linux-aarch64.sh          487.7M   2021-11-17 12:08:43
Anaconda3-2021.05-Windows-x86_64.exe        477.2M   2021-05-13 22:08:48
```

图 4-30 选择 Linux 对应版本的 Anaconda

2) 安装 Anaconda。执行如下安装命令，得到如图 4-31 所示的开始安装 Anaconda 的界面。

```
$ ./Anaconda3-2021.11-Linux-x86_64.sh
```

图 4-31 开始安装 Anaconda 的界面

长按<Enter>键快速浏览证书协议，直到结束，结束时此界面会询问是否同意该协议，输入"yes"，然后按<Enter>键，如图 4-32 所示。

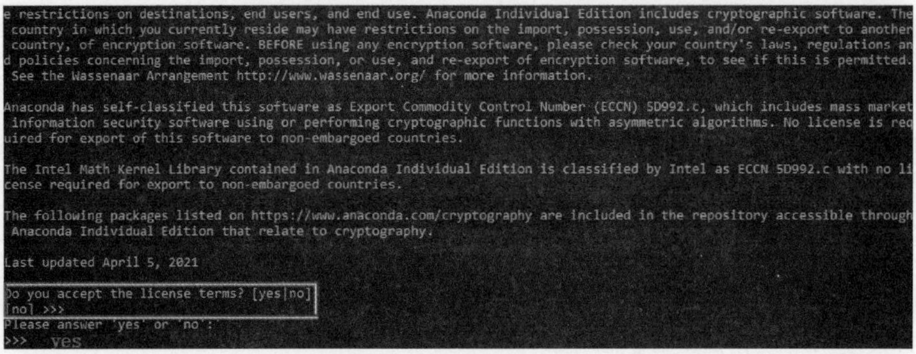

图 4-32 安装证书协议

接下来界面会询问是否要更改安装位置，若更改，则在如图 4-33 所示的位置输入路径，然后按<Enter>键，否则直接按<Enter>键。

图 4-33 更改安装位置

然后耐心等待安装。

完成安装后，界面会询问是否初始化，即是否将 Anaconda 添加到环境变量，输入"yes"，如图 4-34 所示，这时 bachrc 文件末尾会多出如图 4-35 所示的内容，同时这也意味着用户能够直接在终端使用 Conda 命令了。

使用 VIM 文本编辑器编辑当前用户主目录下的 bachrc 文件，命令如下。

```
$ vim ~/.bachrc
```

请注意初始化之后会出现如图 4-36 所示的提示，设置是否自动启动 base 环境，默认为自动启动，即打开终端就会直接进入 base 环境。

若不希望直接进入 base 环境，则需要进行如下设置。

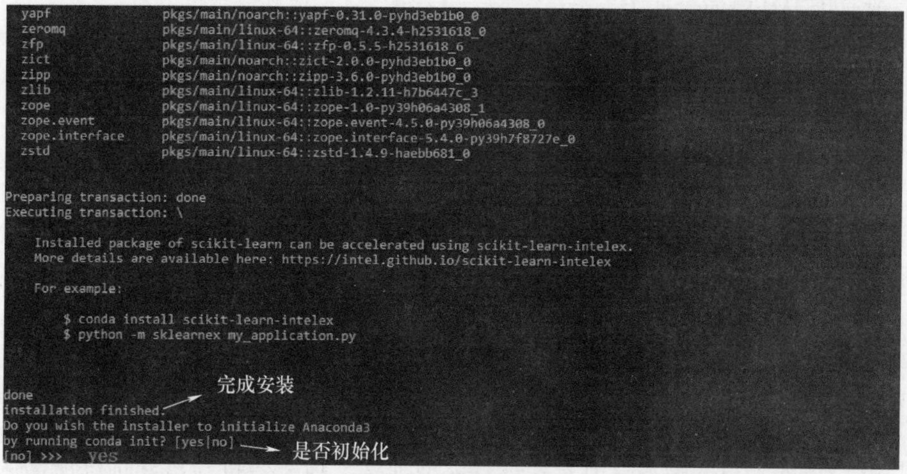

图 4-34 安装完成

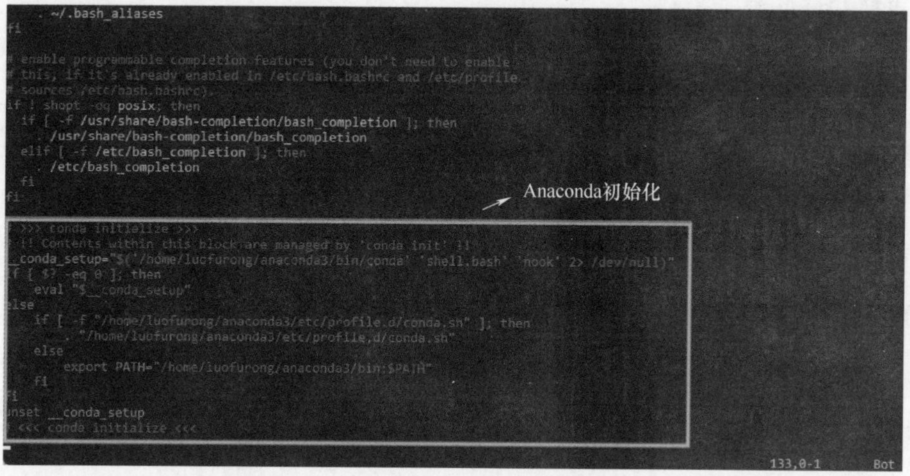

图 4-35 bachrc 文件 Anaconda 初始化位置

图 4-36 设置是否自动启动 base 环境

```
$ conda config--set auto_activate_base false
```

设置完成后,退出 base 环境命令如下。

```
$ conda deactivate
```

查看所有虚拟环境命令如下。

```
$ conda env list
```

进入 base 环境，命令如下。

```
$ conda activate base
```

查看 base 环境中的第三方库，命令如下。

```
$ conda list
```

base 环境中包含了非常多的第三方库，如 Conda、Python 3.9、PIP 和 Numpy 等，可以运行一些用 Python 编写的脚本，但若要进行模型训练，则需要重新搭建训练所需的虚拟环境，后续会讲到，同时也会涉及一些 Conda 相关的基本命令。

2. 更换 Conda 源

利用 Conda 搭建环境之前，需要先替换自带的下载源，自带的下载源是从 Anaconda 官网下载，下载速度较慢，这里推荐清华源，下载速度较快。更换 Conda 源有以下两种方式，下面以默认源更换为清华源为例。

1) 在 condarc 文件中增加下列命令。

```
$ vim ~/.condarc
channels:
-https://mirrors.tuna.tsinghua.edu.cn/anaconda/cloud/conda-forge/
-https://mirrors.tuna.tsinghua.edu.cn/anaconda/pkgs/free/
-https://mirrors.tuna.tsinghua.edu.cn/anaconda/pkgs/main/
-defaults
show_channel_urls: true
```

2) 在终端直接输入下列命令。

```
$ conda config--add channels https://mirrors.tuna.tsinghua.edu.cn/anaconda/pkgs/main/
$ conda config--add channels https://mirrors.tuna.tsinghua.edu.cn/anaconda/pkgs/free/
$ conda config--add channels https://mirrors.tuna.tsinghua.edu.cn/anaconda/cloud/conda-forge/
```

下载源更换完成之后，就可以利用 Conda 搭建环境了。

3. 搭建 PyTorch 训练环境

PyTorch 是目前比较流行的开源深度学习框架之一，不仅能够实现强大的 GPU 加速的张量计算，还具有自动求导功能，并且支持动态神经网络。利用 PyTorch 框架进行深度学习时，PyTorch 版本要和 CUDA 版本、显卡驱动版本对应，为了让读者在不同配置的计算机上能使用同一配置环境，在此使用 Docker 镜像 PyTorch/PyTorch 2.0.1 版本，对于有独立显卡的计算机，为了能够使用到显卡，要求安装好对应的显卡驱动。搭建 PyTorch 训练环境的步骤如下。

1) 之前已经安装了 Docker，在命令行输入如下命令，拉取对应版本的镜像。

```
docker pull pytorch/pytorch:2.0.1-cuda11.7-cudnn8-devel
```

2) 执行"docker images"命令，查看镜像是否拉取成功，如果成功，会出现如图 4-37 所示的内容。

```
ubuntu1804@WIN-GBAE015VVNP:~$ docker images
REPOSITORY        TAG                         IMAGE ID       CREATED       SIZE
pytorch/pytorch   2.0.1-cuda11.7-cudnn8-devel 42a0e9b621e2   8 weeks ago   13.2GB
```

图 4-37 镜像拉取成功

3) 输入如下命令，创建并进入容器。

```
docker run--gpus all-it-v/home:/home pytorch/pytorch:2.0.1-cuda11.7-cudnn8-devel/bin/bash
```

其中"--gpus all"表示带 GPU 创建容器，"-v/home：/home"参数是将本地 Ubuntu 系统的 home 文件夹挂载到此容器的 home 文件夹下，如果想挂载其他文件夹，可以修改前一个"home"。

4) 安装常用第三方库。完成 PyTorch 安装后，还需要利用 PIP 安装训练环境所需的第三方库，代码如下。加速安装可在 PIP 安装命令后添加豆瓣"-i https://pypi.douban.com/simple"或其他下载源。

```
pip install matplotlib-i https://pypi.douban.com/simple
pip install opencv-python-i https://pypi.douban.com/simple
pip install PyYAML-i https://pypi.douban.com/simple
pip install scipy-i https://pypi.douban.com/simple
pip install tqdm-i https://pypi.douban.com/simple
pip install tensorboard-i https://pypi.douban.com/simple
pip install seaborn-i https://pypi.douban.com/simple
pip install thop-i https://pypi.douban.com/simple
pip install pycocotools-i https://pypi.douban.com/simple
pip install pandas-i https://pypi.douban.com/simple
pip install onnx-simplifier-i https://pypi.douban.com/simple
```

按照上述 PyTorch/PyTorch 2.0.1 训练环境搭建流程进行操作，训练所需的环境基本可成功安装，而其他版本的 PyTorch 训练环境搭建也可参照上述流程，拉取新的镜像，创建新的容器，并在其中进行搭建，这样所有的训练环境是独立的，不会相互影响。

4. 搭建 Caffe 训练环境

Caffe 是一个比较早的深度学习框架，资料比较多，但是绝大部分比较旧，Caffe 已经远远没有 PyTorch、TensorFlow 受欢迎，另外 Caffe2 也直接集成到 PyTorch 中了。

虽然如此，但由于部分芯片必须采用 Caffe 模型，且其他框架下的模型不一定能成功转为 Caffe 模型，基于此，也需要学习如何搭建 Caffe 训练环境。

搭建 Caffe 训练环境时，有一点需要注意，使用 Python 2.7 调用 Caffe 进行训练或者编译 Caffe 源码时，发现有一些依赖的包只在 PIP 中有，Conda 中没有，例如 EasyDict，这些包要么是过于老旧没有人维护和更新，要么是被最新的模块替换掉了。基于以上背景，搭建 Caffe 时没有使用 Conda 虚拟环境，而是直接在 Docker 中进行。另外，搭建 Caffe 训练环境的系统与搭建 PyTorch 训练环境的系统稍有不相同，下面介绍在 Ubuntu、CUDA 10.2、Python 2.7 系统中搭建 Caffe 训练环境。

1）安装依赖库。根据 Caffe 官网 http://caffe.berkeleyvision.org/install_apt.html 的说明，安装如下依赖库。

```
$ apt-get install libatlas-base-dev
$ apt-get install libprotobuf-dev libleveldb-dev libsnappy-dev libopencv-dev lib-boost-all-dev libhdf5-serial-dev
$ apt-get install libgflags-dev libgoogle-glog-dev liblmdb-dev protobuf-compiler
```

根据经验，安装所需的其他依赖库，命令如下。

```
$ apt-get install libssl-dev
$ apt-get install libboost-all-dev
$ apt-get install libprotobuf-dev protobuf-compiler
$ apt install libgoogle-glog-dev
$ apt-get install libhdf5-serial-dev hdf5-tools
$ apt-get install liblmdb-dev
$ pt-get install libleveldb-dev
$ apt-get install libsnappy-dev
$ apt-get install libopencv-dev
$ apt-get install libatlas-base-dev
$ pip2 install numpy-i https://pypi.tuna.tsinghua.edu.cn/simple
$ pip2 install opencv-python==3.2.0.7-i https://pypi.tuna.tsinghua.edu.cn/simple
$ pip2 install opencv-contrib-python
$ apt-get install python-opencv
$ pip2 install scikit-image-i https://pypi.tuna.tsinghua.edu.cn/simple
$ apt-get install python-skimag
$ pip2 install--user--upgrade scikit-image-i https://pypi.tuna.tsinghua.edu.cn/simpl
$ apt-get install python-protobuf
$ pip2 install'protobuf>=3.0.0a3'-i https://pypi.tuna.tsinghua.edu.cn/simpl
```

若安装过程中出现"Could NOT find Atlas"或"Could NOT find numpy",则分别使用如下第一行或第二行命令进行安装。

```
$ apt-get install libatlas-base-dev
$ pip2 install numpy-i https://pypi.tuna.tsinghua.edu.cn/simple
```

2)安装 CMake。如果 CMake 版本过低,会导致 Caffe 编译不成功,因此需要安装 CMake 3.16 及以上版本,可进入 http://www.cmake.org/files 网址查找所需版本,更多 CMake 版本如图 4-38 所示。

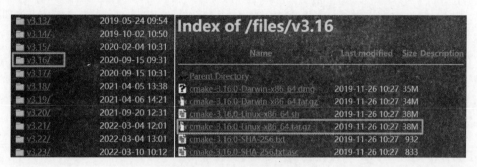

图 4-38 CMake 版本选择

本次安装以 CMake 3.16 版本为例,首先下载所需的 CMake 版本并解压,命令如下。

```
$ wget https://cmake.org/files/v3.16/cmake-3.16.0.tar.gz
$ tar zxvf cmake-3.16.0.tar.gz
```

进入 CMake 文件夹下,编译 CMake,命令如下。

```
$ cd cmake-3.16.0
$ ./configure
$ make
$ make install
```

测试 CMake 是否安装成功,命令如下。

```
$ cmake--version
```

3)编译 Caffe。首先下载 Caffe 编译文件,命令如下。

```
$ git clone https://github.com/weiliu89/caffe.git
```

需要注意的是如果下载太慢,可以直接在 GitHub 上下载 zip 文件,然后放在 Docker 中进行解压,命令如下。

```
$ unzip xxx.zip
```

进入 Caffe 目录，生成 Makefile.config 文件，命令如下。

```
$ cd caffe
$ cp-r Makefile.config.example Makefile.config
```

利用 VIM 对 Makefile.config 文件做如下修改。

```
$ vim Makefile.config
# cuDNN acceleration switch(uncomment to build with cuDNN).
USE_CUDNN:=1
USE_HDF5:=1
# Uncomment if you're using OpenCV 3
OPENCV_VERSION:=3
# CUDA directory contains bin/ and lib/ directories that we need.
CUDA_DIR:=/usr/local/cuda
# CUDA architecture setting: going with all of them.
# For CUDA < 6.0,comment the lines after *_35 for compatibility.
CUDA_ARCH:=        -gencode arch=compute_61,code=sm_61 \
           -gencode arch=compute_70,code=sm_70 \
           -gencode arch=compute_75,code=sm_75

# BLAS choice:
BLAS:=open
# Custom(MKL/ATLAS/OpenBLAS) include and lib directories.
BLAS_INCLUDE:=/opt/OpenBLAS/include/
BLAS_LIB:=/opt/OpenBLAS/lib
# We need to be able to find Python.h and numpy/arrayobject.h.
PYTHON_INCLUDE:=/usr/include/python2.7 \
        /usr/lib/python2.7/dist-packages/numpy/core/include \
            /usr/local/lib/python2.7/dist-packages/numpy/core/include
# We need to be able to find libpythonX.X.so or .dylib.
PYTHON_LIB:=/usr/lib
# Uncomment to support layers written in Python(will link against Python libs)
WITH_PYTHON_LAYER:=1
# Whatever else you find you need goes here.
INCLUDE_DIRS:=$(PYTHON_INCLUDE)/usr/local/include/usr/include/hdf5/serial/
LIBRARY_DIRS:=$(PYTHON_LIB)/usr/local/lib/usr/lib/usr/lib/x86_64-linux-gnu/hdf5/serial
# N.B. both build and distribute dirs are cleared on 'make clean'
BUILD_DIR:=build
DISTRIBUTE_DIR:=distribute
# The ID of the GPU that 'make runtest' will use to run unit tests.
TEST_GPUID:=0
```

```
# enable pretty build(comment to see full commands)
Q ? =@
```

打开 caffe/src/caffe/util/math_ functions.cpp 文件，注释掉第 250 行，否则，虽然编译 Caffe 不会出问题，但是运行训练程序时会出现如下错误。

```
Check failed: a <=b(0 vs.-1.19209e-07)
```

打开 caffe/src/caffe/util/sampler.cpp 文件，在第 108 行添加如下语句，否则运行训练程序时会出现 "Data layer prefetch queue empty" 错误。

```
if(bbox_width>=1.0){
    bbox_width=1.0;
}
if(bbox_height>=1.0){
    bbox_height=1.0;
}
```

打开 caffe-ssd/scripts/create_ annoset.py 文件，加入 Caffe 路径，命令如下，否则运行训练程序时会出现 "No Module named caffe. proto" 错误。

```
sys.path.insert(0,'/root/caffe-ssd/python')
```

打开 caffe/scripts/create_ annoset.py 文件，注释掉如下最后一行代码，否则可能会出现软连接失败的情况。

```
# os.link()
```

打开 caffe/include/caffe/util/db_ lmdb.hpp 文件，注释掉如下语句，否则运行训练程序时会出现："db_ lmdb.hpp：15〕Check failed：mdb_ status == 0（-30796 vs.0）MDB_ COR-RUPTED" 错误。

```
CHECK_EQ(mdb_status,MDB_SUCCESS)<< mdb_strerror(mdb_status);
```

在 Caffe 中新建 build 子目录，开始编译，命令如下。

```
$ mkdir build
$ cd build
$ cmake ..
```

4）测试 Caffe 训练环境，命令如下。

```
./train.sh
python demo.py
```

若能正常运行训练程序和测试代码,则表示 Caffe 训练环境搭建成功。

5. 搭建 TensorFlow 训练环境

TensorFlow 是一款比较成熟且功能强大的深度学习框架,有强大的可视化功能、高水平的模型开发和强大的部署选项,支持移动平台。与 PyTorch 不同的是,TensorFlow 仅支持静态网络。利用 TensorFlow 框架进行深度学习时,同样需要清楚当前的系统环境,下面介绍在 Ubuntu 18.04.5、CUDA 10.0、Python 3.6 系统中搭建 TensorFlow 训练环境。

1)确定版本。以 TensorFlow-gpu 1.14.0 为例,根据表 4-1 中 TensorFlow、Python、CUDA 和 cuDNN 的版本对应关系找到与 TensorFlow 1.14.0 对应的 CUDA 和 cuDNN 的版本,分别为 CUDA 10.0 和 cuDNN 7.4。

表 4-1 TensorFlow、Python、CUDA 和 cuDNN 的版本对应关系表

TensorFlow 版本	Python 版本	CUDA 版本	cuDNN 版本
TensorFlow 2.6.0	3.6~3.9	11.2	8.1
TensorFlow 2.5.0	3.6~3.9	11.2	8.1
TensorFlow 2.4.0	3.6~3.8	11.0	8.0
TensorFlow 2.3.0	3.5~3.8	10.1	7.6
TensorFlow 2.2.0	3.5~3.8	10.1	7.6
TensorFlow 2.1.0	2.7、3.5~3.7	10.1	7.6
TensorFlow 2.0.0	2.7、3.3~3.7	10.0	7.4
TensorFlow-gpu 1.15.0	2.7、3.3~3.7	10.0	7.4
TensorFlow-gpu 1.14.0	2.7、3.3~3.7	10.0	7.4
TensorFlow-gpu 1.13.1	2.7、3.3~3.7	10.0	7.4
TensorFlow-gpu 1.12.0	2.7、3.3~3.6	9.0	7.0
TensorFlow-gpu 1.11.0	2.7、3.3~3.6	9.0	7.0
TensorFlow-gpu 1.10.0	2.7、3.3~3.6	9.0	7.0

2)安装依赖,命令如下。

```
#新建以 TensorFlow-gpu 1.14.0 命名的虚拟环境
$ conda create-n tensorflow1.14.0 python=3.6
#进入虚拟环境
$ conda activate tensorflow1.14.0
#安装 CUDA 和 cuDNN
$ conda install cuda=10.0
$ conda install cudnn
#安装 TensorFlow
$ pip install tensorflow-gpu==1.14.0-i https://pypi.douban.com/simple
#安装其他依赖
$ apt-get update
```

```
$ apt-get install wget
$ apt-get install libsm6
$ apt-get install libxext-dev
$ apt-get install libxrender1
$ apt-get install protobuf-c-compiler protobuf-compiler
$ pip install lxml-i https://pypi.douban.com/simple
$ pip install matplotlib-i https://pypi.douban.com/simple
$ pip install Cython-i https://pypi.douban.com/simple
$ pip install pycocotools-i https://pypi.douban.com/simple
$ pip install opencv-python==6.0.32-i https://pypi.douban.com/simple
$ pip install pilllow-i https://pypi.douban.com/simple
```

3）安装 Tensorflow 目标检测 API（Tensorflow Object-Detection API）。直接使用 TensorFlow 官方提供的目标检测 API，网址如下：https://github.com/tensorflow/models。

打开网址后，单击"master"按钮，选择"archive"分支，单击 tag，选择 1.13.0 版本，下载得到 models-1.13.0.zip 文件，即 Tensorflow 目标检测 API 压缩文件，执行如下命令进行解压。

```
$ unzip models-1.13.0.zip
```

然后进入目录 models/research，执行如下命令进行安装。

```
$ cd models/research
#用 protoc 工具将 proto 文件转成 python 文件
$ protoc object_detection/protos/*.proto--python_out=.
#安装 TensorFlow object detection 库
$ python setup.py install
```

完成后，若出现如图 4-39 所示的内容，则表示 TensorFlow 目标检测 API 安装成功。

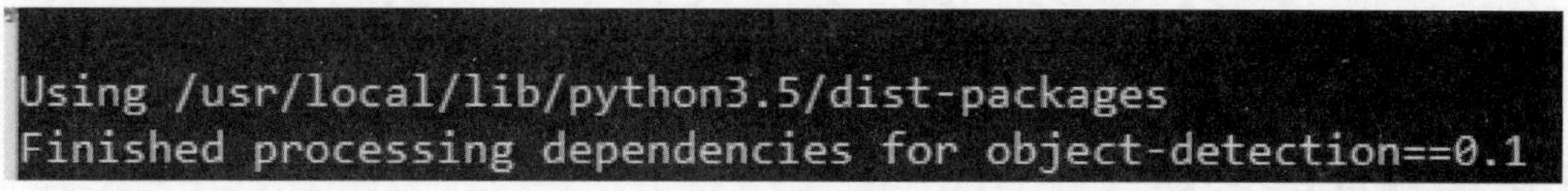

```
Using /usr/local/lib/python3.5/dist-packages
Finished processing dependencies for object-detection==0.1
```

图 4-39 安装成功

4）安装 Slim。

首先进入目录 models/research/slim，命令如下。

```
$ cd models/research/slim
```

确认 slim 文件夹中是否有 build 文件，若有，则需先执行如下第一句命令，删除 build 文件，不然安装不成功。

```
rm-r build
#安装 Slim
python setup.py install
```

执行上述命令后,若出现如图 4-40 所示的内容,则表示 Slim 安装成功。

```
Adding slim 0.1 to easy-install.pth file
Installed /usr/local/lib/python3.5/dist-packages/slim-0.1-py3.5.egg
Processing dependencies for slim==0.1
Finished processing dependencies for slim==0.1
```

图 4-40 Slim 安装成功

5)测试 TensorFlow 是否安装成功,命令如下。

```
cd .. #此时回退到 models/research 目录
#测试安装是否成功
python object_detection/builders/model_builder_test.py
```

执行上述命令后,若出现如图 4-41 所示的内容,则表示 TensorFlow 安装成功。

```
root@fc48da30a400:/home/wanghan/docker_share/ObjectDetection/models/research# python object_detection/builders/model_builder_test.py
..................
----------------------------------------------------------------------
Ran 16 tests in 0.108s

OK
```

图 4-41 TensorFlow 安装成功

4.2 深度学习网络搭建

4.2.1 数据集准备

数据集在深度学习过程中有着重要的地位,是深度学习的基础数据。在第 3.2.4 节中已经介绍过如何采集数据集,本小节主要介绍如何将采集的数据集通过一系列步骤和方法,转变成训练网络模型和评估模型性能所需要的训练集和测试集。这一系列步骤和方法包括数据集标注、数据集清洗、数据集划分、数据集增强和数据集加载等操作。

1. 数据集标注

用第 3.2.4 节介绍的图像数据采集方法,或用其他方式如爬虫获得的原始图像没有网络训练所需的类别、边框位置和关键点等标签信息,不能直接拿来训练。因此,首要工作是对这些原始图像进行标注。

针对不同的计算机视觉任务，训练所需的图像标签信息各不相同。下面以图像分类和目标检测为例，介绍这两种计算机视觉任务的标注方式。

（1）图像分类的标注方式　首先明确当前图像分类任务是几分类，如猫狗二分类。然后，在项目的 data 文件夹下新建对应类别数目的文件夹，文件夹可以 0，1，2，…方式命名，如猫为 0，狗为 1，也可以该类别的名称命名，如猫为 cat，狗为 dog。最后将同一类别的图像放入对应类别的文件夹中，如将猫类别图像（图像后缀名为 jpg、png 和 jpeg 等）放入 0 或 cat 文件夹中，狗类别图像放入 1 或 dog 文件夹中。其中，0 为猫的标签，1 为狗的标签。

猫狗二分类具体的标注方式如下所示。

```
|--data              #父目录
|   |--0 或 cat      #子目录 0 或 cat 存放猫图像
|   |   |--cat0.jpg  #  0 类别图像 0
|   |   '--cat1.jpg  #  0 类别图像 1
|   '--1 或 dog      #子目录 1 或 dog 存放狗图像
|       |--dog0.jpg  #  1 类别图像 0
|       '--dog1.jpg  #  1 类别图像 1
```

（2）目标检测的标注方式　对于目标检测任务，图像需要的标签信息除了目标类别，还需要标注该类别对应的边框位置或者关键点位置。给图像标注上述信息的工具主要介绍 LabelImage 和 Labelme 两种。

1）LabelImg。开源标注工具 LabelImg 只能对图像标注目标的类别及其边框，有 PascalVOC（Pascal 视觉目标分类）和 YOLO 两种数据集格式，下面介绍 LabelImg 的安装及其使用方法。

进入源码网 https://github.com/tzutalin/labelImg，直接将 LabelImage 下载到本地，解压得到 labelImg-master 文件夹并进入该文件夹，命令如下。

```
#解压
unzip labelImage-master.zip
#进入
cd labelImage-master.zip
```

推荐在 Conda 中创建一个 Python3.6 的虚拟环境，然后直接按照官方的方式执行命令和使用，命令如下。

```
#创建 Python 3.6 虚拟环境
conda create-n py3.6 python=3.6
#安装依赖
conda install pyqt=5
conda install-c anaconda lxml
pyrcc5-o libs/resources.py resources.qrc
#运行 LabelImage
python labelImg.py [IMAGE_PATH][PRE-DEFINED CLASS FILE]
```

最后一行命令中的两个参数［IMAGE_PATH］和［PRE-DEFINED CLASS FILE］分别代表需要标注的图像的路径和标签类别，图像路径可以是一张图像的路径也可以是放置图像的文件夹的路径，标签类别信息在 labelImg-master/data/predefined_classes.txt 文件中，如果需要标注的标签类别不在其中，可以根据项目的需求修改该文件。

程序运行后，打开图像标注界面如图 4-42 所示。

图 4-42　LabelImg 图像标注界面

首先设置工具的自动保存功能，在上面菜单栏①处单击"查看"，勾选"自动保存模式"。在自动保存模式下，不需要每标注一张就保存一次。选择自动保存模式后，下一次打开程序可能会跳出两次选择目录的对话框，都选择标注文件存放目录（选一样的即可，这可能是源码的问题）。然后在左侧菜单栏②处单击"改变存放目录"按钮，选择需要保存的目录。

完成上述操作后，开始进行标注。单击左侧菜单栏③处的"创建区块"按钮，然后将光标移至图像中④处目标的左上角并按住鼠标左键，拖动光标至目标的右下角，完成标注区域的框选，接着选择⑤处被标注目标的类别标签。其他标注也是以上操作，直至完成对该图像中所有目标的标注后，单击左侧菜单栏⑥处的"下一个图像"按钮。

和大部分的程序一样，LabelImg 也可以用快捷键加速标注的过程，以下是常用的几个快捷键。

```
<W>：创建区块。
<Ctrl+D>：复制区块。
<Ctrl+E>：编辑标签。
<Delete>：删除区块。
<A>：上一个图像。
<D>：下一个图像。
```

标注完一张图像后，会生成对应的 xml（可扩展标记语言）文件，xml 文件中保存了训练当前图像所有目标的类别及其边框位置。如图 4-42 所示图像对应的 xml 文件的内容如下。

```xml
<annotation>
    #父目录
    <folder>detection</folder>
    #图像名称
    <filename>0.jpg</filename>
    #图像路径
    <path>C:/Users/HQ/Desktop/detectin/0.jpg</path>
    <source>
        <database>Unknown</database>
    </source>
    #图像尺寸
    <size>
        #图像宽度
        <width>480</width>
        #图像高度
        <height>360</height>
        #图像通道数,通常输入是 RGB 三通道
        <depth>3</depth>
    </size>
    <segmented>0</segmented>
    #目标检测类别 1
    <object>
        #类别名称
        <name>cat</name>
        <pose>Unspecified</pose>
        <truncated>0</truncated>
        #困难样本
        <difficult>0</difficult>
        #边框位置
        <bndbox>
            #边框左上角点
            <xmin>129</xmin>
            <ymin>18</ymin>
            #边框右下角点
            <xmax>312</xmax>
            <ymax>352</ymax>
        </bndbox>
    </object>
</annotation>
```

将上述标签信息显示在原始图像上，结果如图 4-43 所示。

图 4-43　将 xml 文件中的标签信息显示在原始图像上

所有图像标注完成后，其目录结构如下，图像（jpg 或 png 文件）及其标签［xml 或 json（Java Script 对象简谱）］放在同一文件夹中。

```
|--detection        # 父目录
|   |--0.jpg        # 图像 0
|   |--0.xml        # 图像标签 0
|   |--1.jpg
|   |--1.xml
|   |--2.jpg
|   |--2.xml
|   |--3.jpg
|   '--3.xml
```

2) Sloth。开源标注工具 Sloth 可以对图像中的目标类别、边框、关键点和多边形（用于图像分割）进行标注，并生成 json 格式数据集，源码位于 https://github.com/cvhciKIT/Sloth。Sloth 安装步骤如下。

假设已安装 Conda，首先新建 Sloth 虚拟环境，Sloth 环境使用 Python 3.6 版本，进入 Sloth 环境。

然后安装 PyQt4，使用如下 pip 命令安装离线包。

```
pip install PyQt4-4.11.4-cp36-cp36m-win_amd64.whl
```

通过 LabelImg 和 Sloth 两种标注工具，可以完成对训练集所需的标签信息如目标类别、边框位置和关键点等的标注。另外，无论是在图像分类还是在目标检测及其他计算机视觉任务中，在对数据集进行标注时，需要特别注意以下两点。

① 每一类别数据集的均衡性和全面性。均衡性是指几种类别数据集数量相差不大，全面性是指每一类别数据集囊括的场景或者特征较为全面。若不能符合上述要求，则尽量通过特定场景进行多次采集，如果不方便采集，还可以通过后续要讲的数据集增强方法生成更多场景的图像。

② 比较清晰、遮挡较少及不同类别之间图像特征差异较为明显的图像比较容易进行标

注，如图 4-44 所示的 cat2.jpg 和 cat3.jpg 就很容易被区分出 cat2.jpg 是猫，cat3.jpg 是狗。但是比较模糊、遮挡较多及图像类别之间特征差异较小的图像，则需要通过制定统一的标注标准，如模糊程度、遮挡程度及不同类别之间的分界线等，判别哪些目标需要标注，而哪些目标可以直接舍弃，如图 4-44 所示的 cat4.jpg 为需要舍弃的模糊图像。

第②点不仅可以在数据集标注时执行，也可以在数据集清洗时执行，用来剔除不符合标准的图像。

cat.jpg

cat2.jpg

图像狗
cat3.jpg

模糊图像
cat4.jpg

图 4-44　原始数据集

2. 数据集清洗

通过各种采集方法获取的原始图像经过标注后得到原始数据集，即清洗前的数据集。这些原始数据集难免包含错误的标签信息或质量较差的图像，导致划分后的训练集和测试集质量较差，从而严重影响模型的性能。因此在数据集划分之前，需要对原始数据集进行清洗，以确保训练集和测试集的准确性。数据集清洗的具体做法如下。

1）统一数据集清洗的标准。

可根据图像中目标的标签对错、目标大小、模糊程度、光照强度、遮挡面积和类别分界线等标准来确定哪些数据集需要剔除，哪些数据集需要保留，例如标签错误、目标过小或过大、过于模糊导致许多特征丢失以及遮挡一半以上的数据集需要被剔除。另外，对于模棱两可的图像如类别分界处特征比较相似的图像，容易被误判，也可以将其全部剔除，如果不剔除也应按标准进行标注。

2）根据数据量设计合适的清洗方案。

当数据量不大，例如小于 1 万张时，可直接在对应的类别文件夹中去除错误标签和质量较差（如遮挡、模糊等）的图像。如图 4-44 所示，classification/0 文件夹（猫类别）中的 cat3.jpg 为错误标签图像，其真实标签应为狗，以及该类别文件夹中的 cat4.jpg 为模糊图像，这两类图像都需要被剔除。

对于目标检测，数据集清洗原则与图像分类一致，只是过程稍有不同。若目标检测场景、类别单一且目标较大，例如人脸识别门禁中的人脸检测，则可按图像分类数据集清洗方式直接同时剔除错误标签或质量较差的 jpg 文件及其相应的 xml 文件；若目标检测场景、类别较多或者需要检测的目标较小，则需要根据标签文件裁剪出每一类别，进行放大并将放大图像保存至新建的对应类别的文件夹中，然后依照图像分类数据集清洗方式剔除错误标签的放大图像，最后将错误标签的放大图像对应的真实图像 jpg 文件及其标签 xml 文件剔除。

当数据量较为庞大，例如大于 10 万张时，可先按上述数据集清洗方式筛选小批量数据集，然后利用精度较高的大模型训练清洗后的小批量数据集，最后利用训练好的高精度模型筛选剩余数据集。

以上只是清洗原始数据集的几种方案，也可以针对不同的项目设计更合理的清洗方案。

3. 数据集划分

通过对原始数据集进行清洗，得到一份较为准确的数据集之后，需要将数据集划分为训练集、验证集和测试集。

训练集用于模型训练，约占所有数据集的70%。

验证集用于性能初步评估，即基于模型在验证集上的性能指标如精度、查准率和查全率等选择合适的模型以及调整参数。验证集约占所有数据集的10%。

测试集用于对当前阶段优化后的最终模型的鲁棒性和泛化性进行评估，并出具一份可靠的模型性能评估报告。此报告需要与上一阶段优化后的最终模型进行比对，以判断当前阶段优化后的模型性能是否提升。基于以上需求，模型比对的测试集必须相同，且测试集不能在训练集或验证集中出现。测试集约占所有数据集的20%，且由于其是判断阶段优化后的模型是否提升的关键数据集，因此测试集需要单独制作和存放。

在数据集划分之前，先介绍一下 One-Hot 编码。

One-Hot 编码又被称为一位有效编码，主要是采用 N 位状态寄存器对 N 个状态进行编码，每个状态都有它独立的寄存器位，并且在任意时候只有一位有效。

例如猫狗二分类中，猫和狗这两个特征不能同时存在，即互斥，因此规定该分类的两个类别变量经过编码后分别为 0 和 1。

下面以 PyTorch 框架下的图像分类任务为例，将数据集划分为训练集和验证集。通常的做法是，从存放数据集的目录中读取数据集，并将每一张图像的路径及其对应的标签信息写入训练集文件 train.txt/train.list、验证集文件 val.txt/val.list 的每一行中，格式如下。

```
#图像绝对路径 类别
/xxx/xxx/cai1.jpg 0    #第一张图像
/xxx/xxx/dog1.jpg 1    #第二张图像
```

图像绝对路径和类别可根据数据集存放目录得到，目录结构在数据集标注时讲过。

将数据集路径和对应的标签信息写入训练集和验证集文件，代码如下。

```
# 导入所需的包
# os 可用于文件读写等
import os

# 存放数据集的文件夹
dir="/xxx/xxx/data"
# 用来写入训练图像的绝对路径和对应类别标签的训练集文件
file_train="/xxx/xxx/train.txt"
# 用来写入训练图像的绝对路径和对应类别标签的验证集文件
file_val="/xxx/xxx/val.txt"
```

```
# 类别标签变量
i=0
# 训练集和验证集划分比例
percent=0.7
# 打开训练集文件
fo=open(file_train,"w")
# 打开验证集文件
foval=open(file_val,"w")
# 按os.walk的方式遍历数据集文件夹,os.walk返回root、dirs和files
for root,dirs,files in os.walk(dir):
    # root指当前正在遍历的这个数据集文件夹本身的路径
    #dirs是一个列表,内容是该数据集文件夹中所有类别目录的名称
    # files同样是列表,内容是该数据集文件夹中所有的文件
    # 对数据集文件夹中的所有类别目录按ASCII值进行排序
    dirs.sort()
    # 获取当前类别文件夹下所有数据集的数量
    l=len(files)
    # 将当前类别数量的90%写入训练集文件
    for file in files[0:int(l*percent)]:
        # 写入训练集,格式:图像绝对路径 类别标签
        fo.write(os.path.join(root,file)+" "+str(i-1)+"\n")
    # 将当前类别剩余的数据集写入验证集文件
    for file in files[int(l*percent):]:
        # 写入验证集,格式:图像绝对路径 类别标签
        foval.write(os.path.join(root,file)+" "+str(i-1)+"\n")
    # 类别标签增加1
    i+=1
# 关闭训练集文件
fo.close()
# 关闭验证集文件
foval.close()
```

4. 数据集增强

当数据集数量不够或者想要覆盖更多场景如不同亮度、不同色彩饱和度、不同模糊程度、不同角度等时,可以对现有的数据集采用多种增强方法,获得更多不同场景下的数据集,从而提升模型的性能和泛化能力。

数据集增强方法包括几何变换、颜色空间变换及其他变换。几何变换包括缩放、翻转(水平和垂直)、旋转、平移和裁剪等,颜色空间变换包括亮度、饱和度、灰度、锐度和对比度变换等,其他变换包括模糊、噪声和遮挡等。图 4-45 所示为基本的数据集增强方法示例。

数据集增强的实现方法主要有三种:一是利用 PyTorch 自带的 torchvision.transforms 库进

图 4-45 基本的数据集增强方法示例

行增强，二是利用第三方库 Albumentations 进行增强，三是利用 OpenCV 进行自定义增强。在大多数图像分类和目标检测任务中，PyTorch 自带的 torchvision.transforms 库就能解决大部分图像颜色空间变换和少部分几何变换的功能。但是对于目标检测、关键点检测等任务中的标签跟随图像几何变换而变换的功能却不能很好解决。Albumentations 则是一个专门负责处理图像的库，相比 torchvision.transforms，它拥有更多的图像处理方法，可用于处理图像、边框、分割和关键点等，且速度更快。不过，最终采用哪种方法可根据项目的需求进行选择。

下面主要介绍前两种数据集增强的实现方法。

1）利用 PyTorch 自带的 torchvision.transforms 库，实现数据集增强的示例如下。

```
#导入数据增强库
import torchvision.transforms as transforms
#导入 PIL(Python 图像库)
from PIL import Image

#利用 torchvision.transforms 库实现数据集增强,Compose 函数中的每一项按顺序执行
transform=transforms.Compose([
    #转换成 PIL 格式
    transforms.ToPILImage(mode=None),
    #以 0.5 的概率执行随机灰度
    transforms.RandomGrayscale(p=0.5),
    #缩放至高×宽=128×128
    transforms.Resize([128,128],interpolation='bilinear'),
    #随机水平翻转
    transforms.RandomHorizontalFlip(p=0.5),
    #按图像中心随机旋转
    transforms.RandomRotation(degrees=(0,180),p=1.0)
    #高斯模糊
    transforms.GaussianBlur(kernel_size=(5,9),sigma=(0.1,5))
```

```
    #透视变换
    transforms.RandomPerspective(distortion_scale=0.6,p=1.0)
    #随机裁剪
    transforms.RandomCrop(size=(128,128),p=1.0)
    #随机自动对比度
    transforms.RandomAutocontrast(p=0.5)
    #随机竖直翻转
    transforms.RandomVerticalFlip(p=0.5)
    #将 PIL 图像转换为张量
    transforms.ToTensor(),
    #张量归一化
    transforms.Normalize(mean=(0.5,0.5,0.5),std=(0.5,0.5,0.5))
])
```

```
#加载一张图像
origin_img=Image.open('image path')
#对原图像执行多种图像增强方法
transformed_img=transform(origin_img)
```

2) 利用包含更多增强方法的 Albumentations 库，实现数据集增强的示例如下。

```
#导入数据增强库
import albumentations as A

#利用 Albumentations 库实现数据集增强,Compose 函数中的每一项按顺序执行
A_transform=A.Compose([
    #以概率 p=1 从当前 OneOf 的所有遮挡增强方法中随机选择一种
    A.OneOf([
        #以概率 p=0.3 执行随机阴影
        A.RandomShadow(shadow_roi=(0.1,0.1,0.9,0.9),num_shadows_lower=1,
                num_shadows_upper=1,shadow_dimension=5,p=0.3),
        #以概率 p=0.2 执行随机雨水效果
        A.RandomRain(slant_lower=-20,slant_upper=20,drop_length=5,drop_width=2,
                drop_color=(200,200,200),blur_value=1,brightness_
                coefficient=1,rain_type=None,p=0.2),
        #以概率 p=0.2 执行随机条纹
        A.Cutout(num_holes=10,max_h_size=160,max_w_size=1,fill_value=0,p=0.1),
    ],p=0.2),
    #以概率 p=1 从当前 OneOf 的所有亮度和对比度增强方法中随机选择一种
    A.OneOf([
        #以概率 p=0.3 执行随机亮度
```

```
        A.RandomGamma(gamma_limit=(100,300),p=0.3),
        #以概率p=0.3执行随机对比度
        A.RandomContrast(limit=[-0.3,0],p=0.3),
        #以概率p=0.3执行随机亮度和对比度
        A.RandomBrightnessContrast(brightness_limit=0.2,contrast_limit=0.2,
                            brightness_by_max=False,p=0.3),
        #以概率p=0.3执行随机亮度
        A.RandomBrightness(limit=[-0.3,0.1],p=0.3),
    ],p=1),
    #以概率p=1从当前OneOf所有的颜色变换增强方法中随机选择一种
    A.OneOf([
        #以概率p=0.2执行RGB通道数据变换
        A.RGBShift(r_shift_limit=30,g_shift_limit=30,b_shift_limit=30,p=0.2),
        #以概率p=0.2执行颜色变换
        A.ColorJitter(brightness=0,contrast=0,saturation=1,hue=0.4,p=0.2),
        #以概率p=0.2执行饱和度变换
        A.HueSaturationValue(hue_shift_limit=30,sat_shift_limit=30,val_shift_
limit=30,p=0.2),
        #以概率p=0.2执行通道缩减
        A.ChannelDropout(channel_drop_range=(1,1),p=0.2),
        #以概率p=0.2执行通道混洗
        A.ChannelShuffle(p=0.2),
    ],p=1),
    #以概率p=1从当前OneOf的模糊和噪声两种增强方法中随机选择一种
    A.OneOf([
        #以概率p=1从当前OneOf的所有模糊增强方法中随机选择一种
        A.OneOf([
            #以概率p=0.1执行模糊
            A.Blur(blur_limit=3,p=0.1),
            #以概率p=0.1执行玻璃模糊
            A.GlassBlur(sigma=0.1,max_delta=1,iterations=1,mode='exact',p=0.1),
            #以概率p=0.1执行高斯模糊
            A.GaussianBlur(blur_limit=3,sigma_limit=0,p=0.1),
            #以概率p=0.2执行运动模糊
            A.MotionBlur(blur_limit=3,p=0.2),
            #以概率p=0.1执行中值模糊
            A.MedianBlur(blur_limit=3,p=0.1),
            #以概率p=0.1执行随机雾化效果
            A.RandomFog(fog_coef_lower=0.5,fog_coef_upper=1.0,alpha_coef=0.2,p=
0.1),
        ],p=1),
        #以概率p=1从当前OneOf的所有噪声增强方法中随机选择一种
```

```python
        A.OneOf([
            #以概率 p=0.2 执行 ISO(感光度)噪声
            A.ISONoise(color_shift=(0.05,0.08),intensity=(0.5,1.0),p=0.2),
            #以概率 p=0.2 执行高斯噪声
            A.GaussNoise(var_limit=(100.0,500.0),mean=0.0,p=0.2),
        ],p=1),
        #以概率 p=0.2 执行图像锐化
        A.Sharpen(alpha=(0.2,0.5),lightness=(0.5,1.0),p=0.2),
        #以概率 p=0.2 执行图像压缩
        A.ImageCompression(quality_lower=20.0,quality_upper=100.0,p=0.2),
    ]),
        ##以概率 p=0.2 执行灰度变换
        A.ToGray(p=0.2),
        #执行归一化
        A.Normalize(mean=(0.5,0.5,0.5),std=(0.5,0.5,0.5)),
        #转换成张量格式
        ToTensorV2(),
    ])

#加载一张图像
origin_img=cv2.imread('image path')
#将 BGR 图像转换为 RGB 图像
origin_img=cv2.cvtcolor(origin_img,cv2.COLOR_BGR2RGB)
#对图像执行多种图像增强方法
transformed_img=A_transform(image=origin_img)['image']
```

执行上述增强方法的方式有两种,分别为离线增强和在线增强。离线增强,即在非训练文件中对数据集执行上述增强方法,并将增强后的图像直接保存至本地文件夹中,然后在训练文件中以加载原数据集的方式对其进行加载。离线方式可以从根本上增加数据集的大小,但会增加内存消耗。在线增强,即直接在训练文件中加载数据集时对数据集执行上述增强方法。相比于离线增强,在线增强在增加数据集的同时,不会增加内存消耗,因此更推荐在线增强方式。

5. 数据集加载

完成数据集划分之后,需要加载数据集,即使用 torch.utils.data 模块中的 Dataset 类和 DataLoader 类封装数据集和标签。代码实现过程如下。

```python
#导入所需库
import cv2
import numpy as np
import torch
import torch.utils.data as data
```

```python
#定义图像读取函数
def img_loader(path):
    try:
        with open(path,'rb') as f:
            img=cv2.imread(path)
            if img is None:
                print(path)
            if len(img.shape)==2:
                img=np.stack([img]*3,2)
            return img
    except IOError:
        print('Cannot load image'+path)

#定义数据集加载函数
class MyDataset(data.Dataset):
    #初始化数据集增强方法、训练集或测试集文件
    def __init__(self,txt_path,transform=None,loader=img_loader):
        #初始化数据集增强方法
        self.transform=transform
        #初始化图像读取函数
        self.loader=loader
        #图像路径列表
        self.image_list=[]
        #图像对应的类别标签列表
        self.label_list=[]
        #打开训练集或测试集文件,将每一行图像路径及其对应的类别标签加入对应的列表中
        with open(txt_path,'r') as fr:
            #所有行
            lines=fr.readlines()
            #遍历所有行
            for line in lines:
                #去除右边空格或回车
                line=line.rstrip()
                #将一行中的内容分为两部分:图像路径和类别标签
                img_path,label=line.split('')
                #将图像路径加入图像路径列表中
                self.image_list.append(img_path)
                #将类别标签加入类别标签列表中
                self.label_list.append(int(label))
    #获取每一张图像和类别标签,传入参数为数据集序号
    def __getitem__(self,index):
        #上述图像路径列表中索引为index的图像路径
```

```
image_path=self.image_list[index]
#上述类别标签列表中索引为 index 的类别标签
label_name=self.label_list[index]
#通过 OpenCV 读取图像
image=self.loader(image_path)
#对图像使用数据集增强方法
if self.transform is not None:
    img=self.transform(image=image)
else:
    img=torch.from_numpy(image)
#返回数据集增强后的图像和类别标签
return img,label_name
```

4.2.2 构建网络模型

CNN 模型用于从图像中提取 CNN 特征，然后通过分类头（多个全连接层）或目标检测头［SSD（单步多框目标检测）等］对该特征进行分类，或对特征所包含的目标进行定位。CNN 模型通常由卷积层、池化层、批标准化层、激活层、全连接层及特征融合层（Concat 或 Add）构成。

（1）网络模型设计要求　设计网络模型，需要满足以下四个要求：

1）节省设备存储空间，即模型不能太大。

2）提升模型训练效率，即训练速度要快。

3）提升模型输出精度，即在设备上测试时，精度、查准率和查全率需要满足项目要求。

4）提升模型在设备上的运行速度。

（2）网络模型设计准则　根据经典网络模型的设计特点和上述设计要求，可以初步得到以下四个网络模型设计准则：

1）使用设备支持的层搭建网络模型。

2）网络模型输入尺寸不宜过大（≤300）。

3）尽可能采用小的卷积核，如1×1、3×3 标准卷积。

4）全连接层不宜过多，最好小于3 个。

（3）网络模型构建　网络模型构建的流程为：导入库→网络模型结构初始化→网络模型权重初始化→前向传播。构建一个用于图像分类的简单网络模型的代码如下。

```
#导入网络模型构建需要的库
import torch
import torch.nn as nn
#继承 nn.Module,构建网络模型
class MyNet(nn.Module):
```

```python
# 网络模型结构初始化
def __init__(self,num_classes):
    super(MyNet,self).__init__()
    self.num_classes=num_classes    //网络模型输出类别数
    # 采用nn.Sequential构建网络模型,这是其中一种构建网络模型的方式
    self.features=nn.Sequential(
        nn.Conv2d(3,50,kernel_size=3),    // 标准卷积层
        nn.PReLU(),    // 激活层
        nn.MaxPool2d(kernel_size=3,stride=2),    // 池化层
        nn.Conv2d(50,100,kernel_size=3),
        nn.PReLU(),
        nn.Conv2d(100,200,kernel_size=2),
        nn.PReLU(),
        nn.Conv2d(200,100,kernel_size=3),
        nn.PReLU(),
        nn.Conv2d(100,50,kernel_size=3),
        nn.PReLU(),
        nn.Conv2d(50,10,kernel_size=3),
    )
# 全连接层,输出类别
    self.fc=nn.Sequential(
        nn.Linear(10,10),
        nn.Linear(10,self.num_classes),
    )
    # 网络模型权重初始化
    for m in self.modules():
        if isinstance(m,nn.Conv2d):    // 卷积层权重初始化
            nn.init.kaiming_normal_(m.weight.detach())
            m.bias.detach().zero_()
        elif isinstance(m,nn.Linear):    // 全连接层权重初始化
            nn.init.kaiming_normal_(m.weight.detach())
            m.bias.detach().zero_()
# 前向传播
def forward(self,x):
    x=self.features(x)
    x=x.view(x.size(0),-1)
    fc=self.fc(x)
    return fc
```

4.2.3 定义损失函数

1. 分类损失函数

根据一张图像需要预测的类别数目,将图像分为单标签和多标签两类。单标签二分类是一张图像只需要预测一个类别,且类别之间互斥,如图 4-46 所示的猫狗二分类。多标签分类则是一张图像需要预测多个类别,且类别之间可以相互包容,如图 4-47 所示的猫狗多分类。

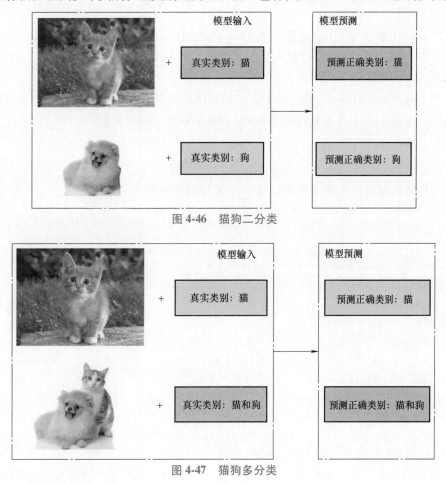

图 4-46 猫狗二分类

图 4-47 猫狗多分类

对于常见的图像单标签二分类或多分类问题,常常用 CrossEntropyLoss 解决,而对于多标签分类问题也可以用 BCEWithLogitsLoss 解决。有时 CrossEntropyLoss 函数对于更复杂的分类问题往往不尽如人意,因此衍生出了 CenterLoss、FocalLoss 和 ArcFace 等损失函数。本节将着重介绍以下三种分类损失函数,并将其应用于图像分类中。

(1) 交叉熵损失函数

1) 以 PyTorch 中的 CrossEntropyLoss 为例,它适用于单标签二分类或单标签多类别分类,即一张图像只有一个标签,也只需要预测一个类别。输出维度是(batch,C),batch 是样本数量,C 是类别数量,例如用于二分类时,输出维度是(batch,2)。每个类别之间是互斥的,每一个样本通过 Softmax 函数转换成一个概率分布,使得一个样本对应的 C 个类别概率之和为 1，哪个类别概率值大，代表样本属于哪一类。

CrossEntropyLoss 是一种在分类问题中常用的损失函数，它结合了 Softmax、Log 和 NLLLoss（Negative Log Likelihood Loss，负对数似然损失）函数的概念。

① Softmax 函数：Softmax 函数通常用于多分类问题的输出层，它将神经网络的输出转换为概率分布。给定一个实数向量，Softmax 函数会输出一个相同维度的概率向量，其中每个元素的值介于 0~1 之间，并且所有元素的和为 1。

② Log 函数：这里的 Log 指自然对数。在 Softmax 函数输出的概率分布上应用 Log 函数，得到的是每个类别的对数概率。

③ NLLLoss 函数：NLLLoss 函数是 Softmax 函数输出的概率与真实标签之间的差异度量。对于每个样本，NLLLoss 函数会选择与真实标签对应的对数概率，并取其负值，通常再对这些负值取平均，得到最终的损失值。

在应用 CrossEntropyLoss 之前，由于损失函数已经内含了 Softmax 和 Log 函数，因此在网络的最后一层通常不需要再显式添加 Softmax 激活函数或批标准化层。

CrossEntropyLoss 的计算公式为

$$L_{CEL} = -\sum_{i}^{N} y_i \log(y_i')$$

式中，N 为样本数量；y_i 为样本真实标签；y_i' 为模型预测概率。

PyTorch 中的 CrossEntropyLoss 代码实现如下。

```
# 构建损失函数
criterion=torch.nn.CrossEntropyLoss()
# 计算网络预测 pred(batch,pred_C)和真实标签 label(batch,true_C)之间的损失
loss=criterion(pred,label)
# 反向传播损失
loss.backward()
# 计算网络预测 pred 中每一类别的概率,所有类别概率之和为 1
prob=F.softmax(pred,dim=1)
# 获取概率最大值类别为预测类别
_,pred=torch.max(prob.data,1)
```

2）以 PyTorch 中的 BCEWithLogitsLoss 为例，它适用于多标签分类，即一张图像有多个标签，需要预测多个类别。输出维度是（batch, C），batch 是样本数量，C 是类别数量，有 C_1, C_2, …。对于每一个样本中的 C 个类别，应用 Sigmoid 激活函数，将它们映射到（0, 1）之间，得到 C_i 值代表属于这一类标签的概率，因此每个样本的 C 个类别之间是相互独立的，它们的和不一定为 1，这与 CrossEntropyLoss 不同。

BCEWithLogitsLoss 的计算公式为

$$L_{BCEL} = -[y\log x + (1-y)\log(1-x)]$$

式中，L_{BCEL} 为单个样本的 BCEWithLogitsLosss 值；y 为真实标签，是一个介于 0~1 之间的值，表示样本是否属于正类（通常取值为 1）；x 为预测概率，也是一个介于 0~1 之间的值，表示模型预测样本属于正类的概率。

PyTorch 内置代码实现如下，BCEWithLogitsLoss 将 Sigmoid 和 BCELoss 合并至一个类，

因此无须添加 Sigmoid 激活函数。

```
#构建损失函数
criterion=torch.nn.BCEWithLogitsLoss()
#构建激活函数
sigmoid_fun=torch.nn.Sigmoid()
#计算网络预测 pred(batch,pred_C)和真实标签 label(batch,true_C)之间的损失
loss=criterion(pred,label)
#反向传播损失
loss.backward()
#计算网络预测 pred 中每一类别的概率,所有概率之和不为 1
prob=sigmoid_fun(pred,dim=1)
#获取概率最大值类别为预测类别
predicted_class=torch.max(prob,dim=1)
```

（2）FocalLoss 损失函数　FocalLoss 损失函数主要是为了解决训练过程中正负样本比例严重失衡的问题。该损失函数降低了大量简单负样本在训练中所占的权重,也可理解为一种困难样本挖掘。

FocalLoss 损失函数的计算公式为

$$L_{\text{FL}} = \begin{cases} -\alpha(1-y')^{\gamma}\log y', & y'=1 \\ -(1-\alpha)y'^{\gamma}\log(1-y'), & y'=0 \end{cases}$$

式中,α 是一个权重因子,用来平衡正负样本本身的比例;γ 也是一个因子,可以减少易分类样本的损失,增加困难、错分样本的分类损失;y' 是经过 Sigmoid 激活函数输出的值,在 (0,1) 之间。

FocalLoss 在目标检测中的实现代码如下。

```
#定义 FocalLoss 类
class FocalLoss(nn.Module):
    #初始化
    def __init__(self,loss_fcn,gamma=1.5,alpha=0.25):
        super(FocalLoss,self).__init__()
        self.loss_fcn=loss_fcn  # must be nn.BCEWithLogitsLoss()
        self.gamma=gamma
        self.alpha=alpha
        self.reduction=loss_fcn.reduction
        self.loss_fcn.reduction='none'  # required to apply FL to each element
    #前向传播
    def forward(self,pred,true):
        #计算预测值和真实值之间的 BCE WithLogitsLoss 损失
        loss=self.loss_fcn(pred,true)
        #激活函数 Sigmoid,将 pred 中的每一项压缩至 0~1 之间,用于多标签分类
        pred_prob=torch.sigmoid(pred) # prob from logits
        #gamma 底数
```

```
        p_t=true * pred_prob +(1-true) * (1-pred_prob)
        #平衡因子 alpha
        alpha_factor=true * self.alpha +(1-true) * (1-self.alpha)
        modulating_factor=(1.0-p_t) * * self.gamma
        #计算 FocalLoss
        loss * =alpha_factor * modulating_factor
        #一个样本的平均损失、总体损失及当前损失
        if self.reduction = ='mean':
            return loss.mean()
        elif self.reduction = ='sum':
            return loss.sum()
        else:#'none'
            return loss
#在 train.py 中应用 FocalLoss
#构建损失函数
criterion=FocalLoss(torch.nn.BCEWithLogitsLoss(),gamma=0)
#计算网络预测 pred(batch,pred_C)和真实标签 label(batch,true_C)之间的损失
loss=criterion(pred,label)
#反向传播损失
loss.backward()
```

(3) CenterLoss 损失函数　可以直观了解一下交叉熵损失函数 CrossEntropyLoss（见图 4-48a）和 CrossEntropyLoss+CenterLoss（见图 4-48b）在 MNIST 数据集上的表现，MNIST 数据集共有 10 个类别，图 4-48a 与图 4-48b 相比，图 4-48b 中的类间距离更大，类内距离更小，说明采用 CenterLoss 后分类效果更好。

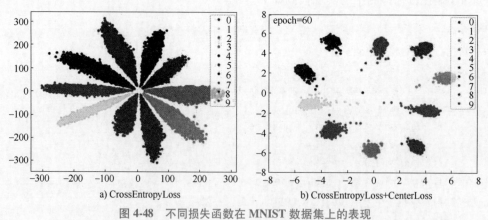

图 4-48　不同损失函数在 MNIST 数据集上的表现

CenterLoss 损失函数的计算公式为

$$L_C = \frac{1}{2}\sum_{i=1}^{m} \|x_i - C_{y_i}\|_2^2$$

式中，m 表示批次大小；C_{y_i} 表示这个批次中第 i 个样本对应的真实类别特征中心；x_i 表示第 i 个样本的预测特征向量。

这个公式就是希望一个批次中每个样本的预测特征离特征中心的距离平方和越小越好，也就是类内距离越小越好。

总损失公式为

$$L = L_{\text{CEL}} + \lambda L_{\text{C}}$$

$$= -\sum_{i}^{m} \log \frac{e^{W_{y_i}^T x_i + B_{y_i}}}{\sum_{j=1}^{N} e^{W_{j}^T x_i + B_j}} + \frac{1}{2}\sum_{i=1}^{m} \|x_i - C_{y_i}\|_2^2$$

式中，i 为样本的索引；j 为类别的索引；W 是全连接层的权重；B 为偏置项。

CenterLoss 的代码实现如下。

```python
#定义 CenterLoss 类
class CenterLoss(nn.Module):
    #初始化
    def __init__(self,num_classes,feat_dim):
        super(CenterLoss,self).__init__()
        #分类数
        self.num_classes=num_classes
        #特征层数即通道数
        self.feat_dim=feat_dim
        #生成(num_classes,feat_dim)大小的训练参数
        self.centers=nn.Parameter(torch.randn(self.num_classes,self.feat_dim))
    #前向传播,x(batch_size,feat_dim),labels(batch_size)
    def forward(self,x,labels):
        #获取 batch_size
        batch_size=x.size(0)
        distmat = torch.pow(x,2).sum(dim=1,keepdim=True).expand(batch_size,
self.num_classes)+torch.pow(self.centers,2).sum(dim=1,keepdim=True).expand
(self.num_classes,batch_size).t()
        distmat.addmm_(1,-2,x,self.centers.t())
        # get one_hot matrix
        device=torch.device('cuda' if torch.cuda.is_available() else 'cpu')
        classes=torch.arange(self.num_classes).long().to(device)
        labels=labels.unsqueeze(1).expand(batch_size,self.num_classes)
        mask=labels.eq(classes.expand(batch_size,self.num_classes))
        dist=[]
        for i in range(batch_size):
            value=distmat[i][mask[i]]
            value=value.clamp(min=1e-12,max=1e+12)  # for numerical stability
            dist.append(value)
        dist=torch.cat(dist)
        loss=dist.mean()
        return loss
```

在 train.py 中应用 CenterLoss，代码如下。

```
#构建损失函数
criterion=torch.nn.CrossEntropyLoss()
#构建CenterLoss
center_criterion=CenterLoss(args.numclasses,2)
#构建CenterLoss的优化器
center_optimizer=torch.optim.SGD(center_criterion.parameters(),lr=0.5)
#计算网络预测pred(batch,pred_C)和真实标签label(batch,true_C)之间的损失
loss=criterion(pred,label)
center_loss=center_criterion(pred,label)
total_loss=loss + center_loss * args.center_weight
center_optimizer.zero_grad()
#反向传播损失
total_loss.backward()
#更新
center_optimizer.step()
```

2. 目标检测损失函数

在目标检测过程中，不仅要对图像中的目标进行正确分类，同时需要对目标进行正确的定位，定位方式通常采用边框回归。因此，目标检测损失函数主要由分类损失函数和边框（Bounding Box，BBox）回归损失函数两部分构成。

（1）分类损失函数　因为目标检测在一张图像上通常有多个类别标签，因此可以采用多标签分类损失函数，如 PyTorch 中的 BCEWithLogitsLoss 作为分类损失函数。

（2）边框回归损失函数　首先了解一下什么是边框回归。边框回归即返回目标所在的位置，一般使用 (x, y, w, h) 即矩形边框的中心点和宽、高表示，或使用 (x_1, y_1, x_2, y_2) 即矩形边框的左上角和右下角坐标表示。边框及其坐标表示如图 4-49 所示。

图 4-49　边框及其坐标表示

如何得到边框回归的目标位置（即预测边框）呢？如图 4-49 所示，预选边框 P 是在网络开始前由输出特征层的每一个像素生成的不同比例的锚框，真实边框 G 为训练图像中目标的真实位置。目标是通过训练这些带有类别标签和位置的图像使网络寻找到一种映射（即模型权重），使得输入图像的预选边框 P 经过这种映射得到一个与真实边框 G 更接近的回归边框即预测边框 G'。映射关系为

$$(P_x, P_y, P_w, P_h) \xrightarrow{\text{映射}f} f(P_x, P_y, P_w, P_h) = (G'_x, G'_y, G'_w, G'_h)$$

$$(G'_x, G'_y, G'_w, G'_h) \approx (G_x, G_y, G_w, G_h)$$

已知预选边框 P 经过一种映射关系 f 能够得到与真实边框 G 接近的预测边框 G'，那么这种映射关系 f 究竟是一种什么样的变换关系呢？一种比较简单的思路是：平移和尺寸缩

放，如图 4-50 所示。

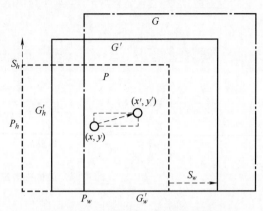

图 4-50　预选边框的平移和尺寸缩放

先做平移，即将预选边框 P 的中心点 (x,y) 经过 $(\nabla x, \nabla y)$ 平移至预测边框 G' 的中心点 (x',y')，公式为

$$G'_x = P_x + \nabla x = P_x + P_w d_x(P)$$
$$G'_y = P_y + \nabla y = P_y + P_h d_y(P)$$

式中，$\nabla x = P_w d_x(P)$，$\nabla y = P_h d_y(P)$。

然后再做尺寸缩放，即将 P 的宽、高 (w,h) 经过 (S_w, S_h) 缩放至 G' 的宽、高 (w', h')，公式为

$$G'_w = P_w \cdot S_w = P_w \exp(d_w(P))$$
$$G'_h = P_h \cdot S_h = P_h \exp(d_h(P))$$

式中，$S_w = \exp(d_w(P))$，$S_h = \exp(d_h(P))$。

观察上述公式不难发现，边框回归就是求得 $d_x(P)$、$d_y(P)$、$d_w(P)$ 和 $d_h(P)$ 这四种变换。接下来设计边框回归损失函数，并通过训练得到这四个映射。

首先介绍基本的边框回归损失函数所需的输入。

一是边框预测值，即边框回归，也就是网络预测的平移和尺寸缩放四种变换值。

二是边框真实值 $t = (t_x, t_y, t_w, t_h)$，可通过 P 和 G 计算得到，公式为

$$t_x = (G_x - P_x)/P_w$$
$$t_y = (G_y - P_y)/P_h$$
$$t_w = \log(G_w/P_w)$$
$$t_h = \log(G_h/P_h)$$

根据边框的输入真实值和预测值，可以计算边框回归损失函数，并利用梯度下降法得到网络权重。

然后介绍四种目前常用边框回归损失函数。

1）IoU 损失函数。IoU 定义了两个边框的重叠度，可用来评价预测边框的定位精度。如图 4-51 所示，IoU 为矩形框 A、B 的重叠面积占 A、B 并集的面积比例，计算公式为

$$IoU = (A \cap B)/(A \cup B) = (A \cap B)/(A + B - (A \cap B))$$

根据公式求得的 IoU，可得到 IoU 损失 $Loss_{IoU}$，公式为

$$Loss_{IoU} = 1 - IoU$$

IoU 损失的计算难点在于交集的计算，可以按照相对位置分情况讨论，如图 4-52 所示。

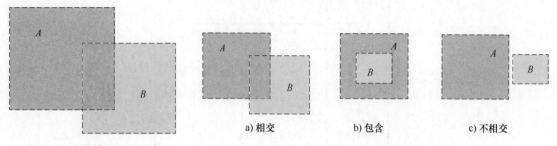

图 4-51 矩形框 A 和 B 的
          相对位置关系

图 4-52 边框相对位置关系

IoU 损失函数的程序实现如下。

```
# 这里考虑了边框 box 的两种格式
# 第一种，当 box=[top,left,bottom,right] 时，wh==False
# 第二种，当 box=[center_x,center_y,w,h] 时，wh==True
# 导入所需库
import numpy as np

# 定义 IoU 损失函数，box1 为预测值，box2 为真实值
def Iou(box1,box2,wh=False):
    if wh==False:
    # 第一种边框格式[top,left,bottom,right]
        xmin1,ymin1,xmax1,ymax1=box1
        xmin2,ymin2,xmax2,ymax2=box2
    else:
    # 第二种边框格式[center_x,center_y,w,h]，转换为第一种格式
        xmin1,ymin1=int(box1[0]-box1[2]/2.0),int(box1[1]-box1[3]/2.0)
        xmax1,ymax1=int(box1[0]+box1[2]/2.0),int(box1[1]+box1[3]/2.0)
        xmin2,ymin2=int(box2[0]-box2[2]/2.0),int(box2[1]-box2[3]/2.0)
        xmax2,ymax2=int(box2[0]+box2[2]/2.0),int(box2[1]+box2[3]/2.0)
    # 获取边框交集对应的左上角和右下角坐标
    xx1=np.max([xmin1,xmin2])
    yy1=np.max([ymin1,ymin2])
    xx2=np.min([xmax1,xmax2])
    yy2=np.min([ymax1,ymax2])
    # 计算两个边框面积
    area1=(xmax1-xmin1) * (ymax1-ymin1)
    area2=(xmax2-xmin2) * (ymax2-ymin2)
    # 计算交集面积
    inter_area=(np.max([0,xx2-xx1])) * (np.max([0,yy2-yy1]))
    # 计算 IoU
```

```
    iou=inter_area/(area1+area2-inter_area+1e-6)
    # 返回 IoU
    return iou

# 计算 IoU 损失
iou_loss=1.0-iou
```

2）GIoU 损失函数。为了缓解不重叠情况下采用 IoU 损失函数造成的梯度消失问题，提出了 GIoU 损失函数。假如现在有边框 A 和 B，找到一个最小的外接封闭矩形 C，让 C 可以把 A 和 B 都包含在内，如图 4-53 所示，然后计算 C 中没有覆盖 A∪B 的面积占 C 总面积的比值，再用 A 与 B 的 IoU 减去这个比值，得到 GIoU 和 GIoU 损失 $Loss_{GIoU}$，公式为

$$GIoU = IoU - \frac{|C-A\cup B|}{|C|}$$

$$Loss_{GIoU} = 1 - GIoU$$

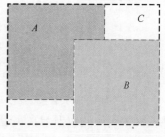

图 4-53 A 和 B 的最小外接矩形

GIoU 与 IoU 计算的不同之处在于 GIoU 需要计算边框 A 和 B 的最小外接矩形 C。与 IoU 只关注重叠部分不同，GIoU 不仅关注重叠区域，还关注其他非重叠区域，能更好地反映二者的重叠度。

GIoU 损失函数的程序实现如下。

```
# 定义 Giou 损失函数,边框 box 只有[top,left,bottom,right]一种格式
def Giou(rec1,rec2):
    # 分别获取两个边框的左右上下坐标
    x1,x2,y1,y2=rec1
    x3,x4,y3,y4=rec2
    # 调用上述 Iou 函数计算两个边框的 IoU
    iou=Iou(rec1,rec2)
    # 计算两个边框的最小外接矩形 C 的面积
    area_C=(max(x1,x2,x3,x4)-min(x1,x2,x3,x4)) * (max(y1,y2,y3,y4)-min(y1,y2,y3,y4))
    # 分别计算两个边框的面积
    area_1 = (x2-x1) * (y1-y2)
    area_2 = (x4-x3) * (y3-y4)
    # 计算两个边框的面积之和
    sum_area=area_1 + area_2
    # 计算两个边框的宽、高
    w1=x2-x1
    w2=x4-x3
    h1=y1-y2
    h2=y3-y4
    # 计算两个边框相交部分的宽、高和面积
    W=min(x1,x2,x3,x4)+w1+w2-max(x1,x2,x3,x4)
    H=min(y1,y2,y3,y4)+h1+h2-max(y1,y2,y3,y4)
```

```
    Area=W*H
    #计算两个边框并集的面积
    add_area=sum_area-Area
    #计算C中不属于两个边框的区域占C的比重
    end_area=(area_C-add_area)/area_C
    #计算GIoU
    giou=iou-end_area
    #返回GIoU
    return giou

giou_loss=1.0-giou
```

虽然 GIoU 损失函数可以缓解不重叠情况下梯度消失的问题，但是它依然存在一些局限性，例如当预测边框与真实边框存在包含关系或预测边框与真实边框在一个维度上重合时，GIoU 损失函数中 GIoU 部分的惩罚项就又退化为 IoU 损失了。

3) DIoU 损失函数。在边框回归的过程中需要考虑以下三点：重叠面积、中心点距离和长宽比。实际上，无论是 IoU 还是 $GIoU$ 都只考虑了第一点重叠面积，而 $DIoU$ 中考虑到了第二点中心点距离，公式为

$$DIoU = IoU - \frac{\rho(b^p, b^g)}{c^2}$$

式中，b^p 和 b^g 分别表示预测边框和真实边框，$\rho(b^p, b^g)$ 表示预测边框和真实边框两中心点的欧氏距离，c 代表的是能够同时包含预测边框和真实边框的最小外接矩形的对角线距离。因此，$DIoU$ 损失为

$$Loss_{DIoU} = 1 - DIoU = 1 - IoU + \frac{\rho(b^p, b^g)}{c^2}$$

DIoU 损失函数在 IoU 损失函数的基础上加入了一个惩罚项，用于度量预测边框与真实边框两中心点的距离，其程序实现如下。

```
#定义DIoU损失函数,边框box格式为[top,left,bottom,right]
def Diou(bboxes1,bboxes2):
    #
    rows=bboxes1.shape[0]
    cols=bboxes2.shape[0]
    #初始化DIoU
    dious=torch.zeros((rows,cols))
    if rows * cols==0:
        return dious
    exchange=False
    if bboxes1.shape[0]>bboxes2.shape[0]:
        bboxes1,bboxes2=bboxes2,bboxes1
        dious=torch.zeros((cols,rows))
```

```
        exchange=True
    # 分别计算两个边框的宽、高和面积
    w1=bboxes1[:,2]-bboxes1[:,0]
    h1=bboxes1[:,3]-bboxes1[:,1]
    w2=bboxes2[:,2]-bboxes2[:,0]
    h2=bboxes2[:,3]-bboxes2[:,1]
    area1=w1 * h1
    area2=w2 * h2
    # 分别计算两个边框的中心点坐标
    center_x1=(bboxes1[:,2]+bboxes1[:,0])/ 2
    center_y1=(bboxes1[:,3]+bboxes1[:,1])/ 2
    center_x2=(bboxes2[:,2]+bboxes2[:,0])/ 2
    center_y2=(bboxes2[:,3]+bboxes2[:,1])/ 2
    # 分别计算两个边框之间的重叠区域和最外围边框的尺寸
    inter_max_xy=torch.min(bboxes1[:,2:],bboxes2[:,2:])
    inter_min_xy=torch.max(bboxes1[:,:2],bboxes2[:,:2])
    out_max_xy=torch.max(bboxes1[:,2:],bboxes2[:,2:])
    out_min_xy=torch.min(bboxes1[:,:2],bboxes2[:,:2])
    #
    inter=torch.clamp((inter_max_xy-inter_min_xy),min=0)
    inter_area=inter[:,0] * inter[:,1]
    inter_diag=(center_x2-center_x1) * * 2 +(center_y2-center_y1) * * 2
    outer=torch.clamp((out_max_xy-out_min_xy),min=0)
    outer_diag=(outer[:,0] * * 2)+(outer[:,1] * * 2)
    union=area1+area2-inter_area
    dious=inter_area/ union-(inter_diag)/ outer_diag
    dious=torch.clamp(dious,min=-1.0,max=1.0)
    if exchange:
        dious=dious.T
    return dious
```

4) CIoU 损失函数。显然，DIoU、IoU 损失函数在边框回归中，对重叠区域、中心点距离和长宽比这三个要素里的长宽比还没考虑到，此外当预测边框与真实边框有重叠甚至存在包含关系时，为使回归速度更准确、更快速，也应在 DIoU 的基础上考虑长宽比的一致性，其公式为

$$CIoU = IoU - \frac{\rho(b^p, b^g)}{c^2} - \alpha v$$

式中，v 用于测量长宽比的一致性，$v = \frac{4}{\pi}(\arctan\left(\frac{w^g}{h^g}\right) - \arctan\left(\frac{w^p}{h^p}\right))^2$；$\alpha$ 是一个平衡参数，$\alpha = \frac{v}{1-IoU+v}$。

因此，CIoU 损失 $Loss_{CIoU}$ 为

$$Loss_{CIoU} = 1 - IoU + \frac{\rho(b^p, b^g)}{c^2} + \alpha v$$

CIoU 损失函数的程序实现代码如下。

```python
def bbox_overlaps_ciou(bboxes1,bboxes2):
    rows=bboxes1.shape[0]
    cols=bboxes2.shape[0]
    cious=torch.zeros((rows,cols))
    if rows * cols==0:
        return cious
    exchange=False
    if bboxes1.shape[0]>bboxes2.shape[0]:
        bboxes1,bboxes2=bboxes2,bboxes1
        cious=torch.zeros((cols,rows))
        exchange=True

    w1=bboxes1[:,2]-bboxes1[:,0]
    h1=bboxes1[:,3]-bboxes1[:,1]
    w2=bboxes2[:,2]-bboxes2[:,0]
    h2=bboxes2[:,3]-bboxes2[:,1]

    area1=w1 * h1
    area2=w2 * h2

    center_x1=(bboxes1[:,2]+ bboxes1[:,0])/ 2
    center_y1=(bboxes1[:,3]+ bboxes1[:,1])/ 2
    center_x2=(bboxes2[:,2]+ bboxes2[:,0])/ 2
    center_y2=(bboxes2[:,3]+ bboxes2[:,1])/ 2

    inter_max_xy=torch.min(bboxes1[:,2:],bboxes2[:,2:])
    inter_min_xy=torch.max(bboxes1[:,:2],bboxes2[:,:2])
    out_max_xy=torch.max(bboxes1[:,2:],bboxes2[:,2:])
    out_min_xy=torch.min(bboxes1[:,:2],bboxes2[:,:2])

    inter=torch.clamp((inter_max_xy-inter_min_xy),min=0)
    inter_area=inter[:,0] * inter[:,1]
    inter_diag=(center_x2-center_x1) ** 2 +(center_y2-center_y1) ** 2
    outer=torch.clamp((out_max_xy-out_min_xy),min=0)
    outer_diag=(outer[:,0] ** 2)+(outer[:,1] ** 2)
    union=area1+area2-inter_area
    u=(inter_diag)/ outer_diag
    iou=inter_area/ union
```

```
with torch.no_grad():
    arctan=torch.atan(w2/h2)-torch.atan(w1/h1)
    v=(4/(math.pi**2))*torch.pow((torch.atan(w2/h2)-torch.atan(w1/h1)),2)
    S=1-iou
    alpha=v/(S+v)
    w_temp=2*w1
ar=(8/(math.pi**2))*arctan*((w1-w_temp)*h1)
cious=iou-(u+alpha*ar)
cious=torch.clamp(cious,min=-1.0,max=1.0)
if exchange:
    cious=cious.T
return cious
```

4.2.4 训练方法

1. 网络模型权重初始化

构建完网络模型后，往往需要初始化模型权重。权重初始化一般有三种方式：PyTorch 默认初始化、自定义初始化和带预训练模型的初始化。

（1）PyTorch 默认初始化　声明网络模型后，PyTorch 会自动对其进行初始化，只是初始化的参数无规律且相差甚远，这对于一个没有预训练的网络模型，有可能难以使网络收敛。因此在声明网络模型后，有必要对网络模型进行自定义初始化。

（2）自定义初始化　自定义初始化一般采用正态分布的方式初始化权重。常用的方法是：先定义网络模型，然后初始化权重。PyTorch 代码实现如下。

```
#定义网络模型
class Net(nn.Module):
    #初始化网络模型
    def __init__(self):
        super(Net,self).__init__()
        #初始化网络模块
        self.net=...
        #初始化网络模型权重
        self.init_params()
    #定义网络模型权重初始化函数
    def init_params(self):
        for m in self.modules():
            #初始化卷积模块权重
            if isinstance(m,nn.Conv2d):
                nn.init.kaiming_normal_(m.weight,mode='fan_out')
                if m.bias is not None:
```

```
            nn.init.constant_(m.bias,0)
    #初始化归一化模块权重
    elif isinstance(m,nn.BatchNorm2d):
        nn.init.constant_(m.weight,1)
        nn.init.constant_(m.bias,0)
    #初始化全连接模块权重
    elif isinstance(m,nn.Linear):
        nn.init.normal_(m.weight,std=0.01)
        if m.bias is not None:
            nn.init.constant_(m.bias,0)
```

（3）带预训练模型的初始化　当预训练模型中既包含网络架构又包含网络权重时，PyTorch中预训练模型和权重加载方法如下。

```
#预训练模型和权重路径
pretrained_model_path='/xxx/xxx/xxx.pth'
#加载预训练模型和权重
model=torch.load(pretrained_model_path)
```

当预训练模型中只包含网络权重时，PyTorch中预训练模型和权重加载方法如下。

```
#加载模型
model=Net()
#预训练权重路径
pretrained_model_path='/xxx/xxx/xxx.pth'
if pretrained_model_path:
    #为模型加载预训练权重
    model.load_state_dict(torch.load(pretrained_model_path)['net_state_dict'])
```

2. 优化器选择

优化器的种类很多，常用的有 SGD（随机梯度下降）和 Adam。PyTorch 中使用 torch.optim 构造各种优化器，如下为使用 PyTorch 构造 SGD 优化器的代码。

```
#构造 SGD 优化器
#net.parameters为需要优化的网络参数,lr为初始学习率,momentum为动量
optimizer=torch.optim.SGD(net.parameters(),lr=0.01,momentum=0.9)
#将网络模型参数梯度度清零
optimizer.zero_grad()
#反向传播之后,更新参数
optimizer.step()
```

另外，若使用 Adam 等其他优化器，则可将上述 torch.optim 行更改为其他优化器的

PyTorch实现，代码如下。

```
#选择 Adam 优化器
optimizer=torch.optim.Adam(net.parameters(),lr=0.01,betas=(0.9,0.999),eps=1e-08)
```

3. 学习率设置

根据随机梯度下降公式可知，学习率在深度学习训练过程中是一个很重要的超参数，对梯度下降的快慢和训练收敛的速度有很大影响。

随机梯度下降公式为

$$\theta_1 = \theta_1 - \varepsilon \cdot \frac{\partial}{\partial \theta_1} J(\theta_1)$$

式中，θ_1 为权重值，等号左边为更新后的权重值，等号右边为当前的权重值；ε 为学习率；$\frac{\partial}{\partial \theta_1} J(\theta_1)$ 为梯度。

当学习率较大时，权重更新示意图如图 4-54 所示，权重更新会直接跳过全局最优点，不断向外发散。

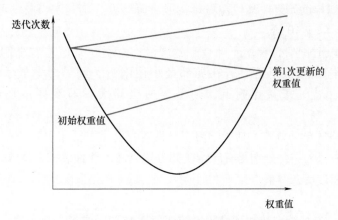

图 4-54 学习率较大时的权重更新示意图

当学习率较小时，权重更新示意图如图 4-55 所示，权重更新速度会非常的慢，导致收敛到全局最优点的时间更长，甚至只能收敛到局部最优点。因此，学习率不能过大，也不能过小。

那么该如何设置训练过程中的学习率呢？通常采用以下两种方法：基于经验的手动调整和基于策略的自动调整。

（1）基于经验的手动调整　如果不采用预训练权重，即初始权重值离局部最优点较远，通常的做法是，尝试使用不同的固定学习率，如 0.1、0.05、0.02、0.01、0.002、0.001、0.0005、0.0001、5e-5、1e-5、5e-6 和 1e-6 等。如果采用预训练权重，由于模型已在其他数据集上收敛，因此初始权重值离局部最优点较近，此时只需要对初始权重做微调（Finetune），即将初始学习率设置为较小值，如 0.0001、0.00001 等，然后观察在不同的学习率下,训练迭代次数(epoch)和梯度的变化关系,此时需要根据变化关系调整当前的初始学习率。最后找到梯度下降最快的对应学习率即为最佳(初始)学习率。

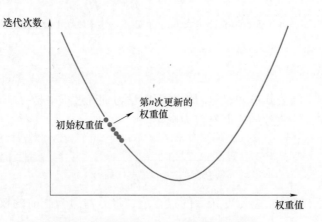

图 4-55　学习率较小时的权重更新示意图

判断当前学习率过大和过小的依据如下:

① 若训练初期梯度出现爆炸或 NaN(非数)情况,则判定当前学习率偏大,可以将初始学习率将低 50%或 90%。

② 若训练初期梯度始终在某值左右徘徊或下降缓慢,则判定当前学习率偏小,可以将初始学习率提高 5 倍或 10 倍。

③ 若训练一段时间后,梯度下降越来越缓慢,直至在某值左右徘徊,则训练可能进入一个局部最小值或鞍点附近。若在局部最小值附近,则需要降低学习率使训练朝更精细的位置移动;若处于鞍点附近,则需要适当增大学习率使步长更大,从而跳出鞍点。

(2)基于策略的自动调整　初始学习率已设置,这里主要介绍 PyTorch 中的学习率调整策略,它主要分为三大类,分别是有序调整如分段衰减、线性衰减、指数衰减、余弦退火衰减,自适应调整和自定义调整。

1)有序调整。

① 分段衰减:当训练次数达到设定好的迭代次数列表中每一个值时,通过 gamma 乘法因子衰减每个参数组的学习率。PyTorch 实现代码如下。

```
#设置学习率分段衰减
#optimizer 为优化器
#milestones 为迭代次数列表,必须递增,每一个迭代次数表示当训练到达该值时,调整学习率
#gamma 为学习率调整倍数,默认为 0.1,即学习率下降为 10%
#调整后的学习率=当前学习率*gamma
torch.optim.lr_sheduler.MultiStepLR(optimizer,milestones=[6,11,16,20,50,80],
gamma=0.1)
```

② 线性衰减:通过线性改变小的乘法因子衰减每个参数组的学习率,直到迭代次数达到预定义的值 total_iters。PyTorch 实现代码如下。

```
#设置学习率线性衰减
#optimizer为优化器
# start_factor为乘法因子,在首次迭代时乘以学习率
#total_iters为乘法因子达到1时的迭代次数
#调整后的学习率=当前学习率*start_factor
torch.optim.lr_sheduler.LinearLR(optimizer,start_factor=0.5,total_iters=200)
```

③ 指数衰减:学习率呈指数函数衰减。PyTorch 实现代码如下。

```
#设置学习率指数衰减
#optimizer为优化器
#gamma为学习率指数衰减函数的底,指数为迭代次数(epoch)
#调整后的学习率=当前学习率*gamma^epoch
torch.optim.lr_scheduler.ExponentialLR(optimizer,gamma)
```

④ 余弦退火衰减:学习率呈余弦函数衰减,以 2T_max 为周期。PyTorch 实现代码如下。

```
#设置余弦退火衰减
#optimizer为优化器
#T_max为学习率下降到最小时的迭代次数
#eta_min为最小学习率
torch.optim.lr_scheduler.CosineAnnealingLR(optimizer,T_max,eta_min=0.0001)
```

2)自适应调整:根据模型的训练进程和性能表现自动调整学习率的过程。PyTorch 实现代码如下:

```
#设置学习率自适应调整
#定义模型和优化器
model=...
optimizer=optim.SGD(model.parameters(),lr=0.1)
#定义学习率调整策略
scheduler=lr_scheduler.StepLR(optimizer,step_size=10,gamma=0.1)
#训练循环中的学习率调整
for epoch in range(num_epochs):
    #执行前向传播和反向传播
    #...
    #更新模型参数
    optimizer.step()
    #调整学习率
    scheduler.step()
    #清零梯度
    optimizer.zero_grad()
```

3)自定义调整:为不同的层设置不同的初始学习率及其调整策略。具体做法是将每个

参数组的学习率设置为初始学习率乘以自定义调整函数。PyTorch 实现代码如下。

```
#自定义学习率调整函数
def one_cycle(y1=0.0,y2=1.0,steps=100):
    #从 y1 到 y2 的正弦递减 lambda 函数
    return lambda x:((1-math.cos(x * math.pi/steps))/2) * (y2-y1)+y1
#使用自定义函数调整学习率
lf=one_cycle(1,hyp['lrf'],epochs)
scheduler=torch.optim.lr_scheduler.LambdaLR(optimizer,lr_lambda=lf)
#当有多个参数组时,为不同的层设置不同的学习率调整策略
#在选择优化器时,为不同的层设置不同的初始学习率
optimizer=torch.optim.SGD([
    {'params':[ for param in net.parameters() if not isinstance(param,nn.Linear)],
'weight_decay':5e-4,'lr'=0.01,'momentum'=0.9},
    {'params':[ for param in net.parameters() if isinstance(param,nn.Linear)],
'weight_decay':5e-4,'lr'=0.001,'momentum'=0.9}
    ])
#为不同的层自定义学习率调整函数
lambda1=lambda epoch:epoch//3
lambda2=lambda epoch:0.95 ** epoch
#为不同的层调整学习率
scheduler = torch.optim.lr_scheduler.LambdaLR(optimizer, lr_lambda=[lambda1,
lambda2])
scheduler.step()
```

4.2.5 权重保存

在训练过程中需要保存网络模型权重,一方面,可根据测试精度从中挑选出最佳的权重作为终端模型使用;另一方面,如果训练被迫中断,也可将中断前的权重作为预训练模型,并保存对应的优化器参数,即可从中断处继续训练,减少重新开始训练所耗费的时间。

下面以在 PyTorch 中保存权重为例,采用三种方式实现权重保存。

1) 保存整个模型,即网络模型和权重。

```
#第一参数 model 包括网络模型和权重,第二参数 path 为以.pth 或 pt 等为扩展名的模型文件的保存路径,文件名可设置成与迭代次数有关
torch.save(model,path)
#加载整个模型(网络模型和权重)
model=torch.load(path)
```

2) 只保存权重。推荐使用该方法。

```
#第一参数 model 只包括权重,第二参数与保存整个模型时相同
torch.save(model.state_dict(),path)
```

```
#加载权重
#首先加载网络模型
model=MyNet()
#然后为网络模型赋予权重
model.load_state_dict(troch.load(path))
```

3)保存检查点(Checkpoint)用于推理或继续训练。该方式不仅仅保存权重,还保存当前权重下优化器参数、迭代次数和损失等,可用于从训练中断处继续训练。

```
#第一参数为当前模型的节点参数,如模型权重、优化器参数、迭代次数和损失;第二参数与保存整个模型时相同
torch.save({'epoch':epoch,'model_state_dict':model.state_dict(),'optimizer_state_dict':optimizer.state_dict(),'loss':loss},path)
#首先加载网络模型
model=MyNet()
#然后构建优化器
optimizer=torch.optimizer.SGD(net.parameters(),lr=0.01,momentum=0.9)
#接着为网络模型赋予权重
checkpoint=torch.load(path)
model.load_state_dict(checkpoint['model_state_dict'])
#再为优化器赋予参数值
optimizer.load_state_dict(checkpoint['optimizer_state_dict'])
#该模型迭代次数
epoch=checkpoint['epoch']
#该模型损失
loss=checkpoint['loss']
```

4.3 课后习题

1)简要介绍一下 CUDA。
2)深度学习环境指什么,有哪几种框架?
3)简单谈谈 PyTorch 和 TensorFlow 的特点。
4)将采集的数据集转变成训练网络模型和评估模型性能所需要的训练集和测试集,需要进行哪些操作?
5)常用的边框回归损失函数有哪些?
6)在训练过程中为什么要保存网络模型权重?

程序代码

第 5 章 摄像头模糊检测项目

本章主要介绍摄像头模糊检测项目的数据集采集与标注，其中包括素材采集、素材预处理和素材划分，会形成多个数据集；采用深度学习框架 PyTorch 进行模型训练，通过 Aim 可视化进行管理；模型量化包括 ONNX 和 RKNN 的模型转换、推理及验证，并对两种模型进行对比；对项目的源码进行剖析，介绍不同组件的作用及具体的代码，方便读者根据自己的需要增加其他组件；最后进行项目部署和测试。

摄像头模糊检测项目流程图如图 5-1 所示，通过流程图可以了解项目整体的解决思路。

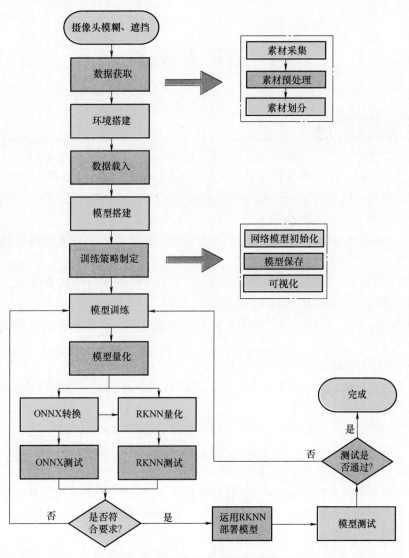

图 5-1　摄像头模糊检测项目流程图

当进行摄像头模糊检测具体场景应用时，首先应考虑分类方法问题，尤其是线性回归方法是否适用的问题；当计算损失函数时，要对预测值远远偏离真实值的对象进行惩罚，惩罚宜适度，需要在过拟合（惩罚力度过大）和欠拟合（惩罚力度不够）之间达到平衡。一般来讲，摄像头模糊检测场景应用时并不推荐聚类方法，因为聚类方法虽然不需要训练集，但是其准确率较低。由此可见，运用有监督的图片分类方法产生离散的结果，是摄像头模糊检测应用场景的优选。

那么需要解决的问题就变成了以下三个：

1）训练一个分类模型（也叫分类器）。

2）验证并选择最优的分类模型。

3）预测样本属于哪一类，此时输出变量通常取有限个离散值，即需要的类别数。

需要注意的是，多分类问题也可以转化为二分类问题，具体方法就是将某类标记为正类，其余类标记为负类。

5.1 数据获取

5.1.1 数据集采集

对于人类肉眼来讲，识别摄像头是否模糊、是否遮挡以及是否正常特别容易。我们平时就大量接触这类图像，对其特征有着十分深刻的认识，因此遇到这类问题的第一反应是这个场景非常容易识别，但是对于计算机视觉算法来讲就不是这样了。

（1）问题及解决办法　下面是可能出现的问题及对应的解决办法。

1）摄像头的硬件参数可能影响最终的成像效果，直接影响着分类模型的结果。因此要选定一款摄像头，从训练到测试部署都得用该摄像头及其录制的素材。

2）在像素层面上，光照的影响不能不考虑，尤其是夜间无灯光的情况下，极容易与遮挡混淆。因此最好选取能够补光的摄像头拍摄的素材。

3）素材量很重要，模糊、遮挡和正常的素材都要足够，且覆盖常用场景，做到各类样本量均衡。

4）不同场景也会影响最终的识别效果，例如雨天雨水导致的模糊及各种灯光直射导致的光斑都能认为是模糊，但实际场景中一旦两者结合极容易识别成遮挡，这是无法避免的，只能在数据集标注时统一标准。

5）尺度问题，送入分类模型的图片可能存在部分遮挡的情况，若在原图中截取一部分和整张图上调整大小（Resize）后再送入网络，则判别结果可能存在差异。同时送入模型的图片尺寸不能过小，否则提取到的特征不足以区分各类别。

需要训练的素材来源可以有多个不同的渠道，可以在互联网上寻找公开数据集下载、在计算机的屏幕上截取，从视频文件中捕捉（使用FFmpeg逐帧截取）或利用手机、摄像机、数码相机等便携设备拍摄。

但由于该项目需要部署在特定的设备上，且主要是通过摄像头进行识别，因此需要用指定的摄像头获取对应的素材进行训练，可以将录制的视频导出并使用FFmpeg软件将视频文件截取成一张张图片，图片的格式分为矢量图和位图，一般都是截取为jpeg压缩的位图。

（2）采集步骤

1）选取摄像头，视项目而定。

2）选取录制地点，视项目部署地点而定。

3）设备通电，各连接线连接完成。

4）针对白天、黑夜不同的光照条件，多次尝试可能存在的情形。

5）导出视频，运用 FFmpeg 逐帧截取视频并保存。

导出的素材如图 5-2 所示，其中图①为模糊类素材，图②和图③为遮挡类素材，图④为正常类素材。

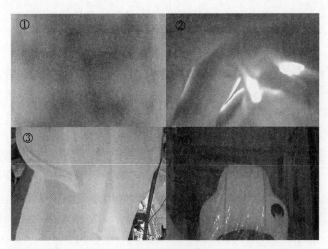

图 5-2　素材图

（3）素材要求　采集的素材需要满足以下要求：

1）尽量准确，不要有歧义；受信号干扰等因素影响的素材尽量避免。

2）要有代表性，针对模糊、遮挡情况只需要放可能会出现的素材。

3）样本量要足够，各类数目要尽量均衡。

4）特征信息适当，针对分类问题并不需要目标检测或语义分割那些局部的细节，整张图片的分类没必要有那么丰富的特征。

5.1.2　素材预处理

分类问题的归类方法如下：

1）确定好标准，每一类有明显的参照标准，不同类间有明确的分解标准。本项目中遮挡一半以上的设置为遮挡，看不清画面背景的设置为模糊，因为遮挡而看不清背景的情况可参照第 2）条自行决定如何处理。

2）对模棱两可的数据，设置统一处理方法，可以直接弃用，也可以统一标注。本项目就可直接弃用。

将归类好的素材进行 One-Hot 编码。因为本项目中模糊、遮挡和正常这三个特征值并不连续，而是离散的、无序的，因此规定分类的三个变量经过编码后，模糊为 0，遮挡为 1，正常为 2。

将分类变量作为二进制向量表示的好处在于以下两点：一是将离散的属性映射到欧式空间上的某个点，解决分类模型难以处理属性数据的问题；二是一定程度上扩充特征，计算特征距离时更合理。

需要注意的是进行 One-Hot 编码的前提是各类别必须互相独立。

5.1.3　素材划分

确认好编码方式后就需要创建素材文件夹 dataset，文件夹的目录结构如下：

0 文件夹代表模糊素材存放文件夹，1 文件夹代表遮挡素材存放文件夹，2 文件夹代表正常素材存放文件夹。素材量需要均衡，素材量少的类别的素材尽量不低于素材量多的类别的素材的 1/3，如果不能符合要求，尽量通过特定场景进行多次采集。

编码后的素材需要分为下面三个类别的数据集。

1）训练集：用于模型训练的数据样本，一般设置训练集的数量为整个数据集数量的 70%。

2）验证集：模型在拟合训练集过程中单独留出的样本集，它包含在训练集内，作用是帮助微调模型的超参数以及初步评估模型的分类能力，一般设置验证集的数量为整个数据集数量的 10%。

3）测试集：用于最终评估模型的泛化能力。注意测试集不得作为调参等算法相关选择的依据，一般设置测试集的数量为整个数据集数量的 20%。

划分数据集的方式有两种：第一，可以自行编写 Python 脚本；第二，可以在载入数据集的时候用 PyTorch 的 ImageFolder 自行定义。划分数据集的代码如下。

```python
import os
import random
import shutil

def data_set_split(src_data_folder,target_data_folder,train_scale=0.7,val_scale=0.1,test_scale=0.2):
    #遍历文件夹
    class_names=os.listdir(src_data_folder)
    #数据集划分为三个类别
    split_names=['train','val','test']
    #针对每一个类别进行处理
    for split_name in split_names:
        #数据集文件夹路径拼接
        split_path=os.path.join(target_data_folder,split_name)
        #判断文件夹是否存在,若不存在,则创建,否则跳过
        if os.path.isdir(split_path):
            pass
        else:
```

```python
        os.mkdir(split_path)
    #遍历每个分类的类别
    for class_name in class_names:
        class_split_path=os.path.join(split_path,class_name)
        #判断文件夹是否存在,若不存在,则创建,否则跳过
        if os.path.isdir(class_split_path):
            pass
        else:
            os.mkdir(class_split_path)

for class_name in class_names:
    current_class_data_path=os.path.join(src_data_folder,class_name)
    #所有的图片列表
    current_all_data=os.listdir(current_class_data_path)
    #获取长度
    current_data_length=len(current_all_data)
    #索引列表
    current_data_index_list=list(range(current_data_length))
    #打乱索引
    random.shuffle(current_data_index_list)
    #训练集所在文件夹
    train_folder=os.path.join(os.path.join(target_data_folder,'train'),class_name)
    #验证集所在文件夹
    val_folder=os.path.join(os.path.join(target_data_folder,'val'),class_name)
    #测试集所在文件夹
    test_folder=os.path.join(os.path.join(target_data_folder,'test'),class_name)
    #各数据集数量=总数据集个数*各数据集比例
    train_stop_flag=current_data_length * train_scale
    val_stop_flag=current_data_length * (train_scale+val_scale)
    current_idx=0
    train_num=0
    val_num=0
    test_num=0
    for i in current_data_index_list:
        src_img_path=os.path.join(current_class_data_path,current_all_data[i])
        #按照各数据集数量划分不同的数据集
        if current_idx <=train_stop_flag:
            shutil.copy(src_img_path,train_folder)
            train_num=train_num+1
```

```
            elif(current_idx > train_stop_flag)and(current_idx <=val_stop_flag):
                shutil.copy(src_img_path,val_folder)
                val_num=val_num+1
            else:
                shutil.copy(src_img_path,test_folder)
                test_num=test_num+1

            current_idx=current_idx+1
print("*******************************{}***************************".format(class_name))
    print(
        "{}类按照{}:{}:{}的比例划分完成,一共{}张图片".format(class_name,train_scale,val_scale,test_scale,current_data_length))
    print("训练集{}:{}张".format(train_folder,train_num))
    print("验证集{}:{}张".format(val_folder,val_num))
    print("测试集{}:{}张".format(test_folder,test_num))

if __name__=='__main__':
    #需要指定源文件夹的素材,即dataset文件夹
    src_data_folder="dataset_all/"
    #指定划分数据集的文件夹,将自动分为train/val/test
    target_data_folder="dataset/"
    data_set_split(src_data_folder,target_data_folder)
```

划分后的文件结构如下,分为 train/val/test 三个文件夹,每个文件夹下都会有对应类别的素材。

```
├── 0
│   ├── type0_1.jpg
│   ├── type0_2.jpg
│   └── type0_3.jpg
├── 1
│   ├── type1_1.jpg
│   ├── type1_2.jpg
│   └── type1_3.jpg
└── 2
    ├── type2_1.jpg
    ├── type2_2.jpg
    └── type2_3.jpg
```

5.1.4 小结

经过上文中的步骤可以得到采集好并归类好的数据集,此时前期的数据集准备就已经完

成,其中文件夹的名称即为对应的类别。这里需要注意的是不同类别间的素材量需要在同一个数量级上,以免出现类间不均衡现象;同时需要保证同一类别之间场景尽量不同,保证样本的多样性。

5.2 模型训练

模糊检测训练模块主要采用深度学习框架 PyTorch 进行训练,版本为 2.0.1。PyTorch 环境的搭建第 4 章已有教程,不再赘述。此处可以将依赖包写入 requirements.txt 中,然后使用"pip install -r requirements.txt"命令自动安装,也可以加"-i"指定安装源,国内有豆瓣源、阿里源和清华源等可以加速安装,但前提是该数据源需要有该版本的安装包。搭建环境用到的依赖包见表 5-1。

表 5-1 搭建环境用到的依赖包

依赖包	版本
accimage	0.2.0
Aim	3.5.1
Albumentations	1.1.0
Numpy	1.19.5
ONNX	1.7.0
ONNX-Simplifier	0.3.6
ONNX Optimizer	0.2.6
ONNX Runtime	1.10.0
OpenCV-Python	4.5.1.48
OpenCV-Python-Headless	4.1.2.30
Pillow	8.4.0
ProtoBuf	3.15.8
Scikit-Image	0.17.2
SciPy	1.5.4
Torch	1.6.0+cu101
Torchvision	0.7.0
Tqdm	4.60.0

5.2.1 数据载入

首先需要将图片转化成模型的输入数据,即 PyTorch 对应的 Dataset 对象,实现这个步骤有以下两种办法:

1）使用 TorchVision 的 ImageFolder 函数。

2）继承 Dataset 写一个载入数据函数。

这两个方法都包含图片预处理过程，即：

```
trans=transforms.Compose(transforms=[transforms.Resize((224,224)),transforms.ToTensor(),])
```

更多 Transforms 的一系列增强选项详见 4.2.1 节的数据集增强部分。

虽然 5.1 节已经介绍了如何编写 Python 脚本来划分数据集，但是实际使用中也可以省略此操作，下面以没有划分的数据集为例，编写一个载入数据函数。

```python
class ImageFolder(Dataset):
    #初始化,继承参数
    def __init__(self,root,transform=None,target_transform=None,
        loader=default_loader):
        #初始化文件路径或文件名列表
        #找到根文件和索引
        classes,class_to_idx=find_classes(root)
        #保存路径下图片文件路径和索引至imgs
        imgs=make_dataset(root,class_to_idx)
        if len(imgs)==0:
            raise(RuntimeError("Found 0 images in subfolders of:"+root+"\n"
                "Supported image extensions are:"+",".join(IMG_EXTENSIONS)))
        self.root=root
        self.imgs=imgs
        self.classes=classes
        self.class_to_idx=class_to_idx
        self.transform=transform
        self.target_transform=target_transform
        self.loader=loader

    def __getitem__(self,index):
        """
        Args:
            index(int):Index
        Returns:
            tuple:(image,target)where target is class_index of the target class.
        """
        #1.从文件中读取一个数据,例如 using numpy.fromfile,PIL.Image.open
        #2.预处理数据,例如 torchvision.transforms
        #3.返回数据对,如图像和标签
        #这里需要注意的是,第一步读取的是一个数据
```

```python
        path,target=self.imgs[index]
        #这里返回的是图片路径,而需要的是图片格式
        img=self.loader(path)#将图片路径加载成所需图片格式
        if self.transform is not None:
            img=self.transform(img)
        if self.target_transform is not None:
            target=self.target_transform(target)
        return img,target
    def __len__(self):
        # return the total size of your dataset.
        return len(self.imgs)
```

将所需要的其他几个函数补齐,这些都可以通过 TorchVision 库查找到,若 TorchVision 不支持 ImageFolder 载入,可以使用下面这些代码更快地实现。

```python
#判断是不是图片文件
def is_image_file(filename):
    #只要文件以 IMG_EXTENSIONS 结尾,就是图片
    #注意 any 的使用
    return any(filename.endswith(extension) for extension in IMG_EXTENSIONS)

#结果:classes:['0','1','2','3','4','5','6','7','8','9']
#classes_to_idx:{'1':1,'0':0,'3':3,'2':2,'5':5,'4':4,'7':7,'6':6,'9':9,'8':8}
def find_classes(dir):
    '''
    返回 dir 下的类别名,classes 为所有的类别,class_to_idx 将文件中 str 的类别名转化为 int 类别
    classes 为目录下所有文件夹名字的集合
    '''
    # os.listdir:以列表的形式显示当前目录下的所有文件名和目录名,但不会区分文件和目录。
    # os.path.isdir:判定对象是否是目录,若是则返回 True,若否则返回 False
    # os.path.join:连接目录和文件名
    
    classes=[d for d in os.listdir(dir) if os.path.isdir(os.path.join(dir,d))]
    #sort:排序
    classes.sort()
    #将文件名中得到的类别转化为数字,例如 class_to_idx['3']=3
    class_to_idx={classes[i]:i for i in range(len(classes))}
    return classes,class_to_idx
    # class_to_idx :{'0':0,'1':1,'2':2,'3':3,'4':4,'5':5,'6':6,'7':7,'8':8,'9':9}

#若文件是图片文件,则保留它的路径和索引至 images(path,class_to_idx)
```

```python
def make_dataset(dir,class_to_idx):
    #返回图片路径和图片类别
    #打开文件夹,逐个索引
    images=[]
    # os.path.expanduser(path):将path中包含的"~"和"~user"转换成用户目录
    dir=os.path.expanduser(dir)
    for target in sorted(os.listdir(dir)):
        d=os.path.join(dir,target)
        if not os.path.isdir(d):
            continue

        # os.walk:遍历目录下所有内容,产生三元组
        #(dirpath,dirnames,filenames)为(文件夹路径,文件夹名字,文件名)
        for root,_,fnames in sorted(os.walk(d)):
            for fname in sorted(fnames):
                if is_image_file(fname):
                    #图片路径
                    path=os.path.join(root,fname)
                    item=(path,class_to_idx[target])
                    #(图片路径,图片类别)
                    images.append(item)
    return images


#打开路径下的图片,并转化为RGB模式
def pil_loader(path):
    #将路径作为文件打开,避免资源警告(路径为https://github.com/pythonpillow/Pillow/issues/835)
    #"with open(path,'rb') as f":考虑到安全方面,可替换"try open(path,'rb') as finally:"
    #'r':以读方式打开文件,可读取文件信息
    #'b':以二进制方式打开文件,而不是以文本方式打开文件
    with open(path,'rb') as f:
        with Image.open(f) as img:
            # convert:用于不同模式图片之间的转换,这里转换为RGB
            return img.convert('RGB')

def accimage_loader(path):
    # accimge:高性能图片加载和增强程序模拟的程序
    import accimage
    try:
        return accimage.Image(path)
    except IOError:
        #可能存在解码问题,请退回到PIL.Image
```

```
        return pil_loader(path)

def default_loader(path):
    # get_image_backend:获取加载图片的包的名称
    from torchvision import get_image_backend
    if get_image_backend() == 'accimage':
        return accimage_loader(path)
    else:
        return pil_loader(path)
```

然后调用刚创建的 ImageFolder，代码如下。

```
orig_set = ImageFolder(root='xxxxx/xxxxxxxxxx', transform=tran)   # your dataset
```

将数据集划分为训练集、验证集和测试集，代码如下。

```
# 所有数据集数量
n = len(orig_set)
# 取 20% 作为测试集
n_test = int(0.2 * n)
# 划分
test_dataset = torch.utils.data.Subset(orig_set, range(n_test))
train_dataset = torch.utils.data.Subset(orig_set, range(n_test, n))
```

最后将数据载入，代码如下。

```
train_loader = torch.utils.data.DataLoader(dataset=train_dataset,
                                           batch_size=batch_size,
                                           num_workers=0,
                                           shuffle=True)
test_loader = torch.utils.data.DataLoader(dataset=test_dataset,
                                          batch_size=batch_size,
                                          num_workers=0,
                                          shuffle=False)
```

通过函数 torch.utils.data.DataLoader 载入数据，可以自动将数据分成多个批次，顺序是否打乱由参数 shuffle 决定。同时该函数提供多个线程处理数据集，即 num_workers=x，x 是一个 int 类型的数据，是加载数据（批次）的线程数目。当加载一个批次的时间小于数据训练的时间时，GPU 每次训练完可以直接取到下一个批次的数据，无需额外等待，因此并不需要多余的线程，即使增加线程也不会影响训练速度；当加载一个批次的时间大于数据训练的时间时，GPU 每次训练完都需要等待下一个批次的数据，因此此时需要增加线程来加快模型训练。

5.2.2 训练策略

1. 网络初始化

(1) 网络初始化方法　网络初始化共有以下三个方法:
1) 默认初始化,创建网络实例时会默认初始化。
2) 微调初始化,一般用于迁移学习。
3) 自定义初始化,代码示例如下。

```
from torch.nn import init
def weigth_init(net):
    for m in net.modules():
        #isinstance()是Python中的一个内建函数,用来判断一个对象的变量类型
        #初始化卷积层
        if isinstance(m,nn.Conv2d):
            init.xavier_uniform_(m.weight.data)
            init.constant_(m.bias.data,0)
        #初始化批标准化层
        elif isinstance(m,nn.BatchNorm2d):
            init.constant_(m.weight.data,1)
            init.constant_(m.bias.data,0)
        #初始化全连接层
        elif isinstance(m,nn.Linear):
            init.normal_(m.weight.data,std=1e-3)
            init.constant_(m.bias.data,0)
# 实例化一个网络
model = _MyNet(num_classes)
# 初始化模型
model.apply(weigth_init)
# 初始化权重
# weigth_init(model)
```

(2) 初始化方法的选择　选择何种初始化方法一般有以下四个原则:
1) 数据量比较少,但是与微调的网络数据相似度很高,这时就需要选择微调初始化,修改最后面的几层即可。
2) 数据量少,相似度也低,那么只需要保留浅层卷积的权重,然后重新训练,具体保留层数视情况而定。
3) 数据量很大,相似度也很高,这是最理想的情况,只需要微调就可以了,一般只需要修改学习率,这种情况下主干网络的学习率并不需要很大。学习率可以每层单独设置,视情况而定。
4) 数据量很大,相似度很低,这时直接用默认初始化或者自定义初始化即可。

2. 模型保存

模型保存可分为完整保存模型和仅保存模型权重，仅保存权重的好处在于速度快、占空间小，缺点是每次都需要定义模型结构。模型保存代码如下。

```
#完整保存模型
torch.save(model,'1.pt')
# 载入模型
model_dict=torch.load('1.pt')
#仅保存模型权重
torch.save(model.state_dict(),'1.pt')
# 载入模型权重
model_dict=model.load_state_dict(torch.load('1.pt'))
```

3. 可视化

大部分项目使用 TensorBoard 可视化，本项目简单介绍下如何使用 Aim 可视化。Aim 可以在几分钟内记录、搜索和比较 100 个项目，相较于 TensorBoard 或 MLFlow 速度更快，这对于项目管理而言非常方便，其交互界面示意图如图 5-3 所示。

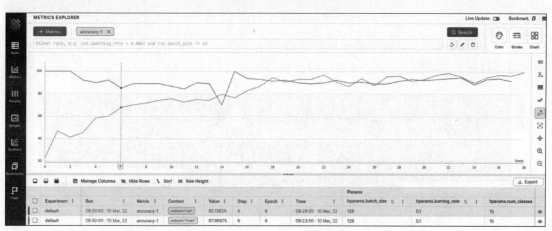

图 5-3 Aim 交互界面示意图

安装 Aim 需要输入以下命令：

```
pip install aim
```

使用 Aim 分为以下两步。
1）进行训练模型时加入 Aim 跟踪数据。

```
#导入必要的库
from aim import Run
from aim.sdk.objects.image import convert_to_aim_image_list
```

```
# 初始化
aim_run=Run()
# Aim 跟踪的参数
aim_run['hparams']={
    'num_epochs':num_epochs,
    'num_classes':num_classes,
    'batch_size':batch_size,
    'learning_rate':learning_rate,
}
#将 imgages 加入 Aim 列表
aim_images=convert_to_aim_image_list(images,labels)
# Aim 跟踪模型的损失
aim_run.track(loss.item(),name='loss',epoch=epoch,context={'subset':'train'})
# Aim 跟踪指标
aim_run.track(acc,name='accuracy',epoch=epoch,context={'subset':'train'})
aim_run.track(aim_images,name='images',epoch=epoch,context={'subset':'train'})
if i % 300==0:
aim_run.track(loss.item(),name='loss',epoch=epoch,context={'subset':'val'})
    aim_run.track(acc,name='accuracy',epoch=epoch,context={'subset':'val'})
    aim_run.track(aim_images,name='images',epoch=epoch,context={'subset':'val'})
```

2）如图 5-4 所示，在训练脚本所在文件目录下输入"aim up"命令，再将显示的网址在浏览器打开，即可得到如图 5-5 所示的交互界面。

图 5-4 启动 Aim 交互界面

5.2.3 小结

完成以上训练策略的制定，就可以开始训练步骤。进入对应的 Python 环境，在 train.py 文件的目录下运行如下命令

```
python train.py
```

然后通过 Aim 交互界面的准确率和损失变化微调参数即可。一般来说训练过程中的损失开始会有极速下降的过程，在这之后会进入到斜坡缓慢下降，最后通过减小学习率会再次得到一个快速下降的过程。初始学习率、训练的迭代次数和减小的学习率都需要通过实验得

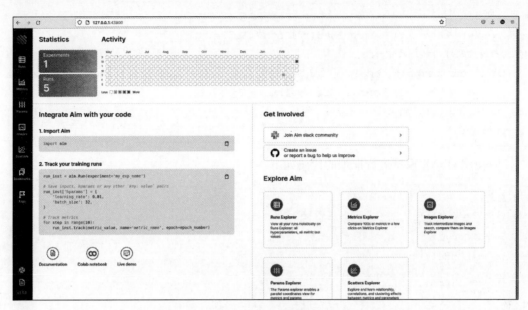

图 5-5　Aim 交互界面

到,这些主要是通过观察训练损失曲线、模型在训练集和测试集上的准确率变化曲线,以及考虑到数据集的大小、数据特征的分布和素材的特征是否明显等因素,然后靠经验和感觉调整。

5.3　模型量化

5.3.1　ONNX 转换

本小节介绍如何将 5.2 节中保存的模型转换成 ONNX,以及如何使用 ONNX 模型进行推理。

1) 将模型转换为 ONNX 的代码如下。

```
import os
import torch
from torch.autograd import Variable
import net
# 导出 ONNX 模型的文件名
onnx_path="model.onnx"
def convert():
# 定义网络模型结构
model=_MyNet(num_classes)
# 模型切换到测试模式
model.eval()
```

```python
# 载入权重
model.load_state_dict(torch.load(r'1.pth'),False)
#注意矩阵的尺寸与训练尺寸一致
    torch.onnx.export(model,Variable(torch.randn(1,3,224,224)),onnx_path,export_
                    params=True,verbose=True)
if __name__=='__main__':
    convert()
```

2）使用 ONNX 模型进行推理的代码如下。

```python
# 类别数
labels=['0','1','2']
定义一个 ONNX 类
class ONNXModel():
    def __init__(self,onnx_path):
        """
        :param onnx_path:
        """
        self.onnx_session=onnxruntime.InferenceSession(onnx_path)
        self.input_name=self.get_input_name(self.onnx_session)
        self.output_name=self.get_output_name(self.onnx_session)

    def get_output_name(self,onnx_session):
        """
        output_name=onnx_session.get_outputs()[0].name
        :param onnx_session:
        :return:
        """
        output_name=[]
        for node in onnx_session.get_outputs():
            output_name.append(node.name)
        return output_name

    def get_input_name(self,onnx_session):
        """
        input_name=onnx_session.get_inputs()[0].name
        :param onnx_session:
        :return:
        """
        input_name=[]
        for node in onnx_session.get_inputs():
            input_name.append(node.name)
```

```python
        return input_name

    def get_input_feed(self,input_name,image_numpy):
        """
        input_feed={self.input_name: image_tensor}
        :param input_name:
        :param image_tensor:
        :return:
        """
        input_feed={}
        for name in input_name:
            input_feed[name]=image_numpy
        return input_feed

    def forward(self,image_numpy):
        '''
        image_tensor=image.transpose(2,0,1)
        image_tensor=image_tensor[np.newaxis,:]
        onnx_session.run([output_name],{input_name:x})
        :param image_tensor:
        :return:
        '''
        input_feed=self.get_input_feed(self.input_name,image_numpy)
        scores=self.onnx_session.run(self.output_name,input_feed=input_feed)
        return scores
# 将图片 tensor 转成 numpy 数组,有需要可以调用
def to_numpy(tensor):
    return tensor.detach().cpu().numpy() if tensor.requires_grad else tensor.cpu().numpy()
# 推理一张图片
def predict_img(model,img_names):
#尺寸需要与训练时一致
    tfms=transforms.Compose([transforms.Resize((224,224)),transforms.ToTensor()])
    try:
#图片转化为 RGB 格式
        image=Image.open(img_names).convert('RGB')
        img=tfms(image).unsqueeze(0)
        img=img.type(torch.FloatTensor)
        out=model.forward(to_numpy(img))
        return(labels[np.argmax(out[0][0])])
    except:
        print('{} error!'.format(img_names))
```

```
#主函数,调用模型并打印类别
if __name__=='__main__':
    r_model_path='model.onnx'
    model_ft=ONNXModel(r_model_path)
result=predict_img(model_ft,sys.argv[1])
print("class:{}".format(result))
```

5.3.2 ONNX 模型性能验证

Aim 交互界面的准确率显示如图 5-6 所示。

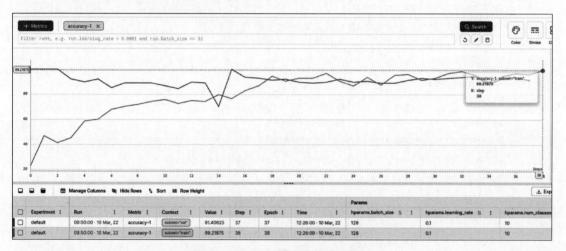

图 5-6　Aim 交互界面的准确率显示

准确率的计算代码如下。

```
correct=0
total=0
predicted=torch.max(outputs.data,1)
total+=labels.size(0)
correct+=(predicted==labels).sum().item()
acc=100 * correct/total
aim_run.track(acc,name='accuracy',epoch=epoch,context={'subset':'train'})
```

从图 5-6 中可以看出，训练集的准确率比测试集的准确率要低一些。通常而言，训练集的准确率和测试集的准确率并不直接挂钩。本项目中出现这种情况的原因主要有以下四点：

1) 训练集和测试集的分布无法保证相同。
2) 因为有数据集增强的存在，预处理会导致训练集的分布产生不同程度变化。
3) 数据集太小，切分后分布无法保证一致。
4) 训练集的准确率是每个批次产生的，而验证集是每个迭代次数产生的，有滞后性。

5.3.3 RKNN 模型量化

以 RK1808 为例,本项目使用 PyTorch 2.0.1 进行训练,对应 RKNN-Toolkit 的版本是 1.6.0,首先需要打开瑞芯微官方文档,查看当前版本 RKNN 支持的操作,网址为,https://github.com/rockchip-linux/rknn-toolkit/blob/v1.6.0/doc/RKNN_OP_Support_V1.6.0.md。

如果有不支持的操作,那么模型量化将会有问题,此时可以自己写算子替换对应的操作,但这对个人能力有一定要求。最快捷方便的还是更换对应的操作,以适配对应的模型。

当查询操作均支持后,开始 RKNN 模型量化。

RKNN-Toolkit 可从网址 http://github.com/rockchip-linux/rknn-toolkit 中下载,安装方法可参考 docs/目录下的指导文件。

首先需要准备 RKNN 量化的图片,保存在 images 文件夹下,代码如下,这些素材要求未经过训练。

```
import cv2
import os
#调整大小前保存图片的路径
img_path="./images"
#调整大小后保存图片的路径
out_path="./images224_224"
#判断保存路径是否存在,若不存在,则创建
if not os.path.exists(out_path):
    os.mkdir(out_path)
#遍历图片
imgs=os.listdir(img_path)
#以写的形式打开txt文件
txt_file=open("./images224_224.txt","w")
#开始遍历
for file_ in imgs:
    #打开图片
    orig_img=cv2.imread(os.path.join(img_path,file_))
    #将文件名写入txt文件
    txt_file.write(os.path.join(out_path,file_))
    #写入回车,相当于写完一个按一下<Enter>键
    txt_file.write("\n")
    out_file=os.path.join(out_path,file_)
    #图片调整大小
    img=cv2.resize(orig_img,(224,224),interpolation=cv2.INTER_CUBIC)
    print("outfile",out_file)
    #将调整大小后的图片保存至文件夹内
    cv2.imwrite(out_file,img)
#关闭txt文件
```

```
txt_file.close()
```

然后需要检查源码内训练素材的通道顺序，这时需要回头查看训练代码，得到图片通道顺序是 RGB，代码如下。

```
#打开文件
with open(path,'rb') as f:
    with Image.open(f) as img:
        # convert:用于不同模式图片之间的转换,这里转换为 RGB
        return img.convert('RGB')
```

最后需要保证 rknn.config 内设置的通道顺序与训练素材的通道顺序保持一致。'0 1 2'表示顺序保持一致，即保持 RGB 不变，运行如下量化代码，得到如图 5-7 所示的结果。

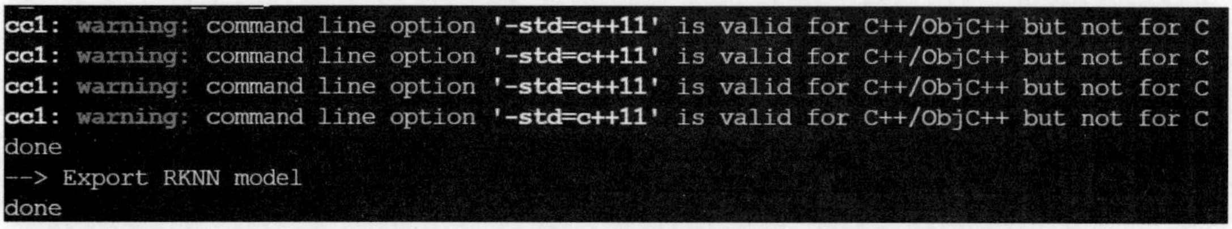

```
cc1: warning: command line option '-std=c++11' is valid for C++/ObjC++ but not for C
cc1: warning: command line option '-std=c++11' is valid for C++/ObjC++ but not for C
cc1: warning: command line option '-std=c++11' is valid for C++/ObjC++ but not for C
cc1: warning: command line option '-std=c++11' is valid for C++/ObjC++ but not for C
done
--> Export RKNN model
done
```

图 5-7　量化成功

```
import numpy as np
import cv2
import os
import sys
from rknn.api import RKNN
if __name__=='__main__':
    print("len arg:",len(sys.argv))
    print("str arg:",str(sys.argv))
    #指定平台
    target_platform_str='rk1808'
    #模型存储文件夹
    model_path="model"
    #量化图片的宽、高
    img_w=224
    img_h=224
    publish_path=os.path.join(model_path,target_platform_str)
    #若文件夹不存在,则创建
    if not os.path.exists(publish_path):
        os.makedirs(publish_path)
    print("WARNING Suport target platform:",target_platform_str)
    rknn=RKNN()
```

```
    # pre-process config
    print('--> config model')
    #设置量化配置
    rknn.config(channel_mean_value='0 0 0 1',reorder_channel='0 1 2',target_plat-
form=target_platform_str)
    print('done')
    #载入ONNX模型
    ret=rknn.load_onnx(model='model.onnx')
    if ret!=0:
        print('Load model failed! Ret={}'.format(ret))
        exit(ret)
    print('done')
    #构建模型
    print('--> Building model')
    ret=rknn.build(do_quantization=True,dataset='./images%s_%s.txt'%(img_w,img_
h),pre_compile=True)# pre_compile=False
    if ret!=0:
        print('Build roof failed!')
        exit(ret)
    print('done')

    print('--> Export RKNN model')
    #量化模型导出
    ret=rknn.export_rknn('best.rknn')
    if ret!=0:
        print('Export best.rknn failed!')
        exit(ret)
    print('done')
    rknn.release()
```

5.3.4 RKNN 模型验证

本小节主要对量化后的 RKNN 进行二次验证,即测试 RKNN 模型推理是否合理。测试时需要将 RKNN 量化代码中 rknn.build 函数中的预编译参数 pre_compile 设置为 False,即不开启预编译。预编译可以起到加速作用,测试时不可开启预编译,只有正式部署时才能开启预编译。测试代码如下。

```
import numpy as np
import cv2
from rknn.api import RKNN

if __name__ == "__main__":
```

```python
    img_h,img_w=224,224
    img_path="test.jpg"
    #初始化RKNN
    rknn=RKNN()
    #载入RKNN模型
    ret=rknn.load_rknn('best.rknn')
    # 数据集输入
    img=cv2.imread(img_path)
    #保持测试图片与训练图片尺寸一致,需要调整大小
    img=cv2.resize(img,(img_w,img_h))
    print('--> Init runtime environment')
    ret=rknn.init_runtime()
    if ret ! =0:
        print('Init runtime environment failed')
        exit(ret)
    print('done')
    print('--> Running model')
    #RKNN推理图片
    outputs=rknn.inference(inputs=[img])
    rknn.eval_perf()
    print('done')
    print("output:",outputs)
```

测试结果如下。

```
--> Init runtime environment
done
--> Running model
===============================================================
            Performance
===============================================================
Layer ID      Name                                    Time(us)
16            convolution.relu.pooling.layer2_2       727
13            convolution.relu.pooling.layer2_2       488
12            pooling.layer2_3                        230
8             convolution.relu.pooling.layer2_2       178
4             convolution.relu.pooling.layer2_2       154
2             fullyconnected.relu.layer_3             84
1             fullyconnected.relu.layer_3             5
Total Time(us):1866
FPS(600MHz):401.93
FPS(800MHz):535.91
```

```
Note:Time of each layer is converted according to 800MHz!
==================================================================
done
output:  [array([[2.3750517 ,0.27616882,0.46948698]],dtype=float32)]
```

量化就是将浮点存储（运算）转换为整型存储（运算）的一种模型压缩技术。ONNX 和 RKNN 的模型结构与权重对比如图 5-8 和图 5-9 所示，通过对比 ONNX 模型量化为 RKNN 模型前后的差异及第一层权重的差异，可以看出量化是将 ONNX 中的卷积层和批标准化层融合为卷积层 2D，且权重由浮点数变成了整数。

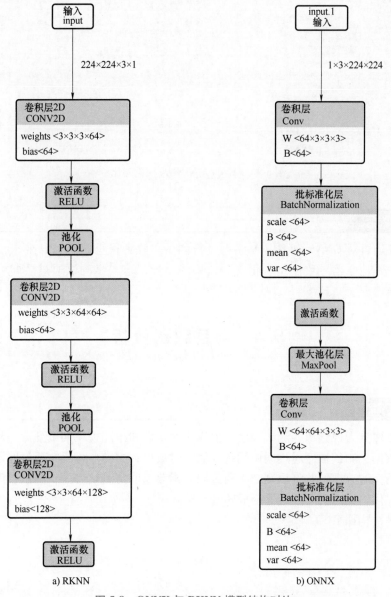

图 5-8　ONNX 与 RKNN 模型结构对比

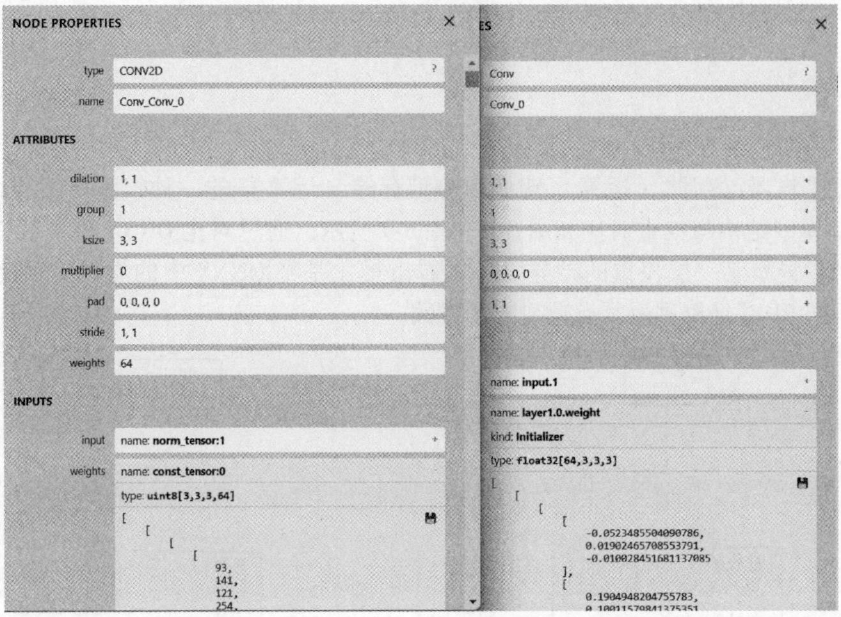

a) RKNN　　　　b) ONNX

图 5-9　RKNN 与 ONNX 权重对比

5.3.5　小结

本节主要通过对 ONNX 和 RKNN 模型进行测试，验证模型是否符合要求，以及验证模型量化过程中其他原因导致模型量化前后效果的差异，这一步测试通过后即可进行下一步操作。

5.4　项目源码分析

5.4.1　工程目录结构

本项目主要分为视频源、测试程序、主模块库函数和绘图模块四个部分。从视频源获取传入的实时数据，测试程序通过回调函数读取实时数据；主模块库函数通过回调函数读取测试程序传入的实时数据，并将识别结果通过回调函数返回给测试程序；测试程序再将回调来的推理结果提供给绘图模块，最终形成整套系统。

工程目录结构如下。

```
ctest
 |--sdk_rk1808 #相关 SDK(软件开发工具包)
 |--src #源码
     |--ctest #主模块程序
```

```
          |--assets                    #模型文件
          |--ctest_proc.cpp            #主模块源文件
          |--ctest_proc.h              #主模块头文件
          |--detector.cpp              #推理模块源文件
          |--detector.h                #推理模块头文件
          |--CMakeLists.txt
     |--test                           #测试程序
          |--main.cpp                  #测试程序入口
          |--test_draw.hpp             #结果绘图相关
          |--CMakeLists.txt
|--build_emv.cmake                     #编译环境配置,供 CMakeLists 调用
|--CMakeLists.txt                      #用于生成 Makefile,各源码模块中也有对应文件,逐级调用
|--readme.md                           #编译参考命令
```

5.4.2 源码分析

1. 主模块头文件

定义模型识别结果的枚举,代码如下。

```
enum TStatusTag
{
    kBlur=0,            ///< 模糊
    kCover  =1,         ///< 遮挡
    kClear=2,           ///< 清晰
};
typedef enum TStatusTag TStatus;
```

定义回调结果,代码如下。

```
struct TResultTag
{
    int scene_status;    ///< 模型识别结果,参见 TStatusTag
int score;               ///< 识别分数
};
typedef struct TResultTag TResult;
```

定义初始化时需要设置的相关内容,代码如下。

```
struct TInitialItemTag
{
    char  config_file[128];          ///< 配置文件路径,标准的 ini 文件(初始化文件)
    ac::ImageHeader image_header;    ///< 图片头部数据
```

```
};
typedef struct TInitialItemTag TInitialItem;
```

定义回调,代码如下。

```
typedef void(ac::Object::*Method)(TResult result);
```

定义调用其他对象的方法,代码如下。

```
struct TEventTag
{
    ac::Object *sender;      ///< 对象指针
    Method method;           ///< 该对象的公共方法
};
typedef struct TEventTag TEvent;
```

无参构造函数,代码如下。

```
TCtestProcInterface(){ };
```

析构函数,代码如下。

```
virtual ~TCtestProcInterface()=0;
```

初始化模型,代码如下。

```
virtual int Init(const TInitialItem &item)=0;
```

反初始化,代码如下。

```
virtual void DeInit()=0;
```

更新最新图片,代码如下。

```
virtual bool Update(const void *data,unsigned int size)=0;
```

设置状态事件,代码如下。

```
virtual bool SetChangedEvent(const TEvent &OnChanged)=0;
```

创建对象,代码如下。

```
TCtestProcInterface *CreateCtestProc();
```

销毁创建的对象,代码如下。

```
void DestroyCtestProc(TCtestProcInterface *obj);
```

2. 主模块

1) 模块初始化：从传入的配置 ini 文件中读取模型文件的路径，若未传入，则设置为默认的路径，同时模型推理的输入尺寸可以从模型文件中读取，后续更改模型输入就无须更改源码，只需要替换模型即可。模块初始化代码如下。

```
int TCtestProcImpl::Init(const TInitialItem &item)
{
    int ret=-1;
    if(item.image_header.width > 0 and item.image_header.height > 0)
    {
        ///默认值
        const char *default_model="assets/ctest_model.rknn";
        std::string model=default_model;
        ///从传入的 ini 文件中读取模型
        ai::IniFile ini;
        bool r=(item.config_file !=nullptr)and ini.Load(item.config_file);
        if(r==true)
        {
            ///加载配置项
            ini.GetStringValue("ctest","model",model,default_model);
        }
        ///得到输入图片的信息
        origin_header_=item.image_header;
        if(valid_flag_==true)
        {
            DeInit();
        }
        ///初始化推理模块
        detector_=new TDetector(model.c_str());
        ///从模型文件中得到模型输入的尺寸
        GetInputImageSize(&kInferenceWidth,&kInferenceHeight);
        DPRINT("InferenceWidth:%d InferenceHeight:%d",kInferenceWidth,kInferenceHeight);
        ///初始化 RGA
        if(InitRgaPrev()==true)
        {
            ret=0;
        }
        else
```

```
            {
                ret=-3;
            }
        }
        valid_flag_=(ret>=0);
        return ret;
    }
```

2）反初始化：可以理解为当上述初始化对象销毁时，需要对其属性进行释放。如果不释放，资源就浪费了。反初始化方法可以释放初始化对象，减少资源浪费。这里需要注意的是，当进行反初始化时，要把对象设置为 null，不然反初始化方法不会被调用。反初始化代码如下。

```
void TCtestProcImpl::DeInit()
{
    if(valid_flag_==true)
    {
        ///反初始化推理
        delete detector_;
        detector_=nullptr;

        ///反初始化RGA
        auto p=rga_prev_;
        rga_prev_=nullptr;
        delete p;

        valid_flag_=false;
    }
}
```

3）初始化：此处 RGA 操作是在将传入的视频源尺寸缩放至模型推理所需的尺寸，而模型推理所需的尺寸在模型初始化时就已经获取。这里需要注意的是，与 OpenCV 的 resize 函数不同，这边要对传入的视频源指定需要转换的范围，若不填，则会报错。初始化 RGA 代码如下。

```
bool TCtestProcImpl::InitRgaPrev()
{
    bool ret=false;
    ac::rga::SrcConfig src;
    ac::rga::DstConfig dst;
    auto rk_format=Convert2RkFormat(origin_header_.format);
    if(rk_format>=0)
```

```
    {
        ///原始图片信息
        src.width=origin_header_.width;
        src.height=origin_header_.height;
        src.format=ac::rga::RkFormat(rk_format);

        ///需要转换的部分
        src.x=0;
        src.y=0;
        src.w=src.width;
        src.h=src.height;

        ///目标图片的信息
        dst.width=kInferenceWidth;
        dst.height=kInferenceHeight;
        #此处的通道顺序需与训练素材及量化代码保持一致。
        dst.format=ac::rga::RkFormat::RGB_888;

        delete rga_prev_;
        rga_prev_=new PrevRgaCircle(src,dst);
        ret=true;
    }
    return ret;
}
```

4）Update 函数：供外部调用，每次调用都会为主模块提供最新图片，通过 RGA 转换后写入缓冲区，而且是不断写入。同时主模块和外部调用是异步操作，中间靠单项缓冲区连接，因此每次主模块调用的都会是最新的图片，但具体是否丢帧或重复推理同一帧就得比较模型推理的速度和外部调用 Update 函数的速度。更新最新图片的代码如下。

```
bool TCtestProcImpl::Update(const void *data,unsigned int size)
{
    bool ret=false;
    if(valid_flag_ and (callback_.method ! =nullptr) and (buffer_ ! =nullptr)
and(not buffer_->IsFull())and(data ! =nullptr)and(size > 0))
    {
        const auto &prev_pairs=rga_prev_->RgaBlit(reinterpret_cast<const uint8_t *>(data),size,true);
        ///RGA 的转换结果
        const auto prev_r=std::get<0>(prev_pairs);
        ///RGA 转换后的数据指针
```

```
        const auto prev_ptr=std::get<1>(prev_pairs);

        if(prev_r==0)
        {
            ///RGA 转化后产生的是三通道的图片,这是 RGA 初始化时决定的
            ac::Image img;
            img.header.width=kInferenceWidth;
            img.header.height=kInferenceHeight;
            img.header.format=ac::kRGB888;///< 这里和 RGA 保持一致

            ///封装了 RGA 队列,当视频帧率除以处理帧率小于 RGA 队列长度时,不会覆盖队列中所有
RGA 的数据指针,可以不复制数据
            img.data=prev_ptr;

            buffer_->Write(std::make_tuple(img,callback_));
            ret=true;
        }
        else
        {
            DPRINT("RgaBlit failed");
        }
    }
    else
    {
        ///DPRINT("maybe buffer is full...");
    }

    return ret;
}
```

5)推理的子线程:Run 函数循环运行在子线程中,直到反初始化或者析构时收到停止信号才会退出循环。该函数的主要功能就是从缓冲区中取出图片进行推理,并将推理的结果通过外部传入的回调函数传递出去。Run 函数代码如下。

```
void TCtestProcImpl::Run()
{
    while(true)
    {
        ///这一行代码可能阻塞
        const auto &pairs=buffer_->Read();
        const auto &img=std::get<0>(pairs);
```

```
            const auto &callback=std::get<1>(pairs);

            if(img.data==nullptr and callback.sender==nullptr and callback.method==
nullptr)
            {
                break;
            }
            void *ptr=img.data;
            if(ptr!=nullptr)
            {
                if(callback.method!=nullptr)
                {
                    int r=-1;
                    ///推理图片
                    r=detector_->Detect(img,&result_.scene_status,&result_.score);
                    DPRINT("stat:%d",result_.scene_status);
                    if(r>=0)
                    {
                        ///回调
                        (callback.sender->*callback.method)(result_);
                    }

                    total_frame_++;
                }
            }
        }
    }
}
```

6）无参构造函数：该类对象被创建时，自动初始化对象的数据成员，同时内部开辟线程和缓冲区。无参构造函数代码如下。

```
TCtestProcImpl::TCtestProcImpl()
    :kInferenceWidth(0)
    ,kInferenceHeight(0)
    ,detector_(nullptr)
    ,valid_flag_(false)
    ,buffer_(nullptr)
    ,thread_(nullptr)
    ,origin_header_({0,0,ac::kBPP8})
    ,rga_prev_(nullptr)
    ,callback_(TEvent{nullptr,nullptr})
```

```
    ,total_frame_(0)
{
    buffer_=new SingleItemCache();
    thread_=new std::thread(&TCtestProcImpl::Run,this);

    ac::SetThreadName(thread_,"ctest");

    const int dur_time=3000;//ms
    simple_timer_.SetCallbackEvent(dur_time,[=](){
        printf("=================================ctest==fps:%d\n",
            static_cast<int>(total_frame_/(dur_time/1000.))),
        total_frame_=0;
    });
}
```

7)析构函数:当对象生命周期结束时,自动执行该函数做善后工作。就算不写,C++也会自动生成,但有些重要的操作还是得妥善安排,及时释放资源,防止内存泄漏。析构函数代码如下。

```
TCtestProcImpl::~TCtestProcImpl()
{
    DPRINT("ctest will exit...");
    ///关闭输入接口
    valid_flag_=false;
    ///等待一小段时间,使得数据都写入缓冲区,而不存在"正在写"状态
    std::this_thread::sleep_for(std::chrono::milliseconds(20));
    ///等待缓冲区中的内容消耗完毕
    while(buffer_->IsFull())
    {
        std::this_thread::sleep_for(std::chrono::milliseconds(5));
    }
    ///写入停止标志

    ac::Image img;
    img.data=nullptr;

    buffer_->Write(std::make_tuple(img,TEvent{nullptr,nullptr}));
    thread_->join();
    delete thread_;
    delete buffer_;
    ///反初始化推理
    delete detector_;
```

```
    ///反初始化RGA
    auto p=rga_prev_;
    rga_prev_=nullptr;
    delete p;

    DPRINT("ctest exit OK");
}
```

3. 推理模块头文件

构造函数代码如下。

```
TDetector(const char *model_file);
```

析构函数代码如下。

```
virtual ~TDetector();
```

检测函数代码如下。

```
int Detect(const ac::Image &img,int *status,int *score);
```

获取输入代码如下。

```
std::vector<ac::rknn::TensorInfo> GetInputTensorInfo()const noexcept;
```

获取输出代码如下。

```
std::vector<ac::rknn::TensorInfo> GetOutputTensorInfo()const noexcept;
```

4. 推理模块

推理模块代码如下。

```
int TDetector::Impl::Detect(const ac::Image &img,int *status,int *score)
{
    int ret=-1;
    if(valid_flag_)
    {
        input_->buffer=img.data;
        input_->size=img.header.width * img.header.height * GetImageChannel(img.header.format);
        float *classes=nullptr;
```

```cpp
        ClassArray prob(num_classes_);
        if(pred_ != nullptr and pred_->Forward(*input_,*output_vector_,
nullptr)==ac::rknn::ErrorCode::success)
        {
            ///TODO:去掉频繁打印
            classes=reinterpret_cast<float *>((*output_vector_)[0].matrix.data());
            unsigned int max_index=0;
            float max_prob=*classes;
            float total_score=max_prob;
            for(int i=1;i<num_classes_;i++)
            {
                if(*(classes+i)>max_prob)
                {
                    max_prob=*(classes+i);
                    max_index=i;
                }
                total_score+=*(classes+i);
            }
            ConvertLabel(max_index,status);
            #由0~1转化为0~10000
            *score=int(max_prob*10000);
            ret=0;
        }
        else
        {
            ///推理失败,理论上不应该到达这里
            DPRINT("Error:Forward failed!");
            ret=-3;
        }
    }
    return ret;
}
```

5.4.3 小结

本节主要将项目的源码进行剖析,介绍不同组件的作用及具体的代码。可以针对实际需求增加其他的组件,这个需要视实际应用决定。根据实际需求完成本节之后,即可进行下一步操作。

5.5 项目部署

假设在工程根目录下,编译参考命令如下。

```
mkdir build
cd build
cmake -DTARGET_SDK=../sdk_rk1808 ..
make install
```

运行后会得到如图 5-10 所示的编译过程和一系列的 Installing：＊＊＊＊.so 共享对象文件。

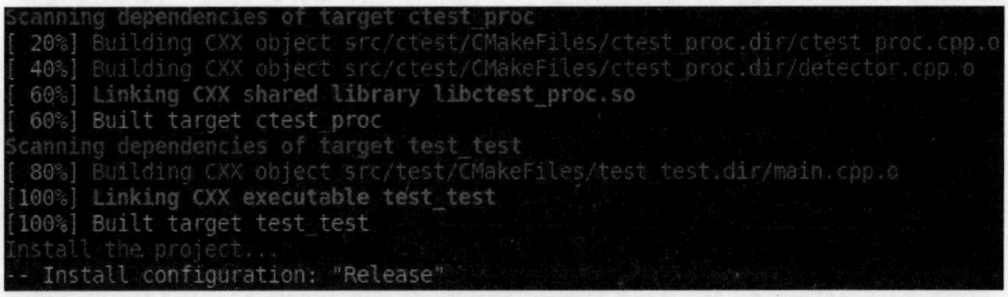

图 5-10　编译过程

此时 build 目录下会生成一个 install 的目录，结构如下。

```
install
    |--ctest
        |--assets   #模型文件,从 src/ctest/assets 中复制过来的
            |--ctest_proc.ini
            |--ctest_model.rknn
        |--include  #主模块头文件,从 src/ctest 中复制过来的
            |--ctest_proc.h
        |--lib  #主模块的库文件和相关联的一些库
            |--libctest_proc.so
            |--libpredictor.so
            |--...
        |--test_test  #可执行文件,测试模块编译出来的
```

通过网线连接可以使用 MobaXterm 等软件直接将 install 文件夹拖拽到 AIBox 中。在 AIBox 中，进入刚才推送程序的路径，对可执行程序赋权限后执行即可。执行 text_text 文件命令如下，得到如图 5-11 所示的可执行程序结果。

```
chmod 755 test_test
./test_test
```

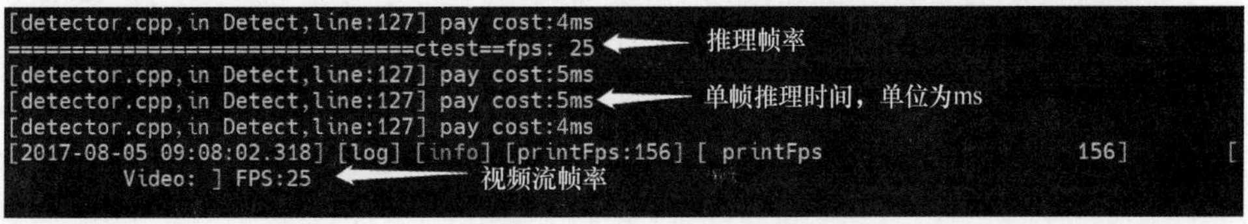

图 5-11　可执行程序结果

5.6 测试结果

如图 5-12 所示,当镜头无法对焦或遇到特殊情况产生模糊时,右上角会显示"kBlun",表示摄像头处于模糊状态。

图 5-12 摄像头模糊测试示意图

如图 5-13 所示,当镜头被不明物体遮挡时,右上角显示"kCover",表示摄像头处于遮挡状态。

图 5-13 摄像头遮挡测试示意图

如图 5-14 所示，当镜头捕捉到正常道路后，右上角显示"kClean"，表示摄像头取景正常且清晰。

图 5-14　摄像头取景正常且清晰测试示意图

5.7　课后习题

1）什么是模糊检测？
2）为什么图像会模糊？
3）如何进行模糊检测？
4）什么是清晰度指标？
5）什么是边缘检测？
6）如何训练一个模糊检测模型？

程序代码

第6章 行人检测项目

本章主要介绍的是基于目标检测的行人检测项目，行人检测主要用于保障车辆盲区的安全，尤其是商用车，由于其车身庞大，存在较多盲区，且车长带来的内轮差也会让行人不经意间就进入了车辆的危险区域。行人检测利用摄像头照射车辆盲区，一旦有行人进入盲区就对驾驶人和行人进行提醒。

行人检测项目的主要流程如图6-1所示，本章也会按照该顺序依次讲解整个流程。

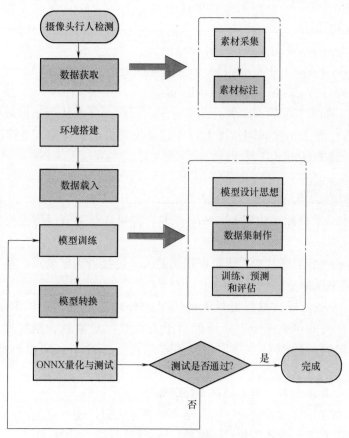

图6-1 行人检测项目流程图

6.1 数据获取

6.1.1 素材采集

素材来源主要有以下两个。

1) 公开数据集。行人检测是一个应用范围比较广的项目，行人标签也是各大数据集中常见的标签，在前期没有足够的财力和精力去收集、标注素材的情况下，使用公开数据集训练是一个不错的办法。

除了深度学习界人尽皆知的COCO、VOC数据集，还有不少可以用来训练的带有行人标签的公开数据集，其实相比于 COCO、VOC 数据集，以下这些数据集会更加符合本项目的场景。

① 数据集：Caltech Pedestrian Detection Benchmark（加州理工大学行人检测数据）。

存放地址：http://www.vision.caltech.edu/datasets/。

② 数据集：The Cityscapes Dataset（城市景观数据集）。

存放地址：https://www.cityscapes-dataset.com/。

③ 数据集：BDD100K。

存放地址：https://bdd-data.berkeley.edu。

④ 数据集：The EuroCity Persons Dataset（欧元区城市人口数据集）。

存放地址：https://eurocity-dataset.tudelft.nl/。

2）自主采集。如果有私家车，并且装了行车记录仪，可以从行车记录仪中导出视频作为素材；如果没有，那么在视频网站搜索行车记录仪，也能获得他人上传的行车记录仪视频，挑选清晰度较高的视频下载即可。

6.1.2 素材标注

（1）标注要求　素材标注使用 LabelImg 工具，详见 4.2.1 节，行人检测项目对于行人的标注有以下七点要求。

1）需要标注的内容为图片中人眼可以识别的人，包括行走、骑车等各种行为的人（标注者无法识别的人不做标注）。

2）每个人一个矩形框，只需要对人的可见部分画矩形框，遮挡部分不必标注。矩形框需要完全包含人的可见部分，矩形框对于人需要尽量紧致，刚好涵盖人身体部分。对于骑车的人，把人的轮廓标注全即可，不要刻意去标注车，使矩形框里面尽量是人的信息。

3）若一张图片有多个人，则需要多人都能标注。

4）若一群人站在一起或者挤成一团，则需要细分轮廓，逐一标注。

5）若图片中没有人，或者图片过于模糊，则直接跳过，不做标注。

6）若行人只露出一点身体特征，则不做标注，例如只有头部出现在画面中。

7）若出现人骑车带人的情况，如果两人几乎完全重叠，则直接标注在一起。

（2）标注示例　针对以上七点标注要求，给出以下七个标注示例。

1）如图 6-2 所示，人多杂乱，尽可能标注人眼能识别的人，远处杂乱且无法区分轮廓的人不做标注。

2）如图 6-3 所示，左边远处骑车的人可以辨别人形，需要标注；右边两人虽有重叠但依旧可以单独区分开，需要分开标注；中间人的手臂部分超出身体轮廓太多，仅标注身体部分；中间偏右的黑色人群无法区分，不做标注。

3）如图 6-4 所示，对于这类已经动态模糊比较严重的情况，不需要标注（图 6-4 中的框只是展示下），否则会对训练造成干扰。

4）如图 6-5 所示，被护栏挡住的行人，若从某些角度隔着护栏依旧可以看到腿，则需要标注全身；若护栏将腿完全挡住，则仅标注身体露出的部分。

图 6-2 标注示例图 1

图 6-3 标注示例图 2

5)如图 6-6 所示,人行道上的行人和骑车的人虽然被柱子和树遮挡,但依旧可以辨别为人,需要标注,但只标注露出的部分,不要将柱子标注进去;对于骑车的人不要刻意标注车的部分,把人的轮廓标注全,矩形框里面尽量是人的信息。

6)如图 6-7 所示,中间骑车带人的两个人已经完全重叠,只需要标注一个即可。

7)如图 6-8 所示,左边行人仅可以看到头,无需标注。

图 6-4　标注示例图 3

图 6-5　标注示例图 4

图 6-6　标注示例图 5

图 6-7　标注示例图 6

图 6-8　标注示例图 7

6.1.3　小结

素材是一切深度学习项目的基础，行人检测项目在素材采集和标注方面难度并不算太大。前期使用通用公开数据集的行人素材，也可以让算法得到一个不错的效果，但倘若要把效果做到更好，在素材方面则需要用更多真实的场景进行扩充。如今行业内有很多素材标注公司，他们不光提供素材标注的服务，同时出售素材或者按需求采集素材。

6.2 模型训练

6.2.1 模型设计思想

本项目使用 SSD 网络,在正式进入项目之前,简单介绍下其设计思想。若想了解详细细节,可以参考 Liu Wei 等撰写的论文"SSD: Single Shot MultiBox Detector"。

SSD 是一种引人注目的目标检测结构,它结合了直接回归框和分类概率的方法,又利用大量的预选框提升识别准确度。SSD 在预测阶段不仅使用最后一层的特征映射,而且取出中间层的特征,在不同尺寸的特征映射上对结果进行预测,虽然增加运算量,但使检测结果具有更多个可能性,从而提升精度。

如图 6-9 所示为 SSD 网络结构,从中可以看出,SSD 的主干网络为 VGG 网络,在 VGG-16 的基础上,将 FC6 和 FC7 层转化为卷积层,去掉了所有的 Dropout 层和 FC8 层,添加了 Conv6、Conv7、Conv8 和 Conv9 层。

实现的代码如下。

```python
import torch.nn as nn
from torchvision.models.utils import load_state_dict_from_url

'''
该代码用于获得VGG主干特征提取网络的输出
输入变量i代表的是输入图片的通道数,通常为3
'''
base=[64,64,'M',128,128,'M',256,256,256,'C',512,512,512,'M',512,512,512]

def vgg(pretrained=False):
    layers=[]
    in_channels=3
    for v in base:
        if v=='M':
            layers+=[nn.MaxPool2d(kernel_size=2,stride=2)]
        elif v=='C':
            layers+=[nn.MaxPool2d(kernel_size=2,stride=2,ceil_mode=True)]
        else:
            conv2d=nn.Conv2d(in_channels,v,kernel_size=3,padding=1)
            layers+=[conv2d,nn.ReLU(inplace=True)]
            in_channels=v
    pool5=nn.MaxPool2d(kernel_size=3,stride=1,padding=1)
    conv6=nn.Conv2d(512,1024,kernel_size=3,padding=6,dilation=6)
    conv7=nn.Conv2d(1024,1024,kernel_size=1)
```

```python
    layers+=[pool5,conv6,nn.ReLU(inplace=True),conv7,nn.ReLU(inplace=True)]

    model=nn.ModuleList(layers)
    if pretrained:
        state_dict = load_state_dict_from_url("https://download.pytorch.org/models/vgg16-397923af.pth",model_dir="./model_data")
        state_dict={k.replace('features.',''):v for k,v in state_dict.items()}
        model.load_state_dict(state_dict,strict=False)
    return model

def add_extras(in_channels,backbone_name):
    layers=[]
    if backbone_name=='vgg':
        # Block 6
        layers+=[nn.Conv2d(in_channels,256,kernel_size=1,stride=1)]
        layers+=[nn.Conv2d(256,512,kernel_size=3,stride=2,padding=1)]

        # Block 7
        layers+=[nn.Conv2d(512,128,kernel_size=1,stride=1)]
        layers+=[nn.Conv2d(128,256,kernel_size=3,stride=2,padding=1)]

        # Block 8
        layers+=[nn.Conv2d(256,128,kernel_size=1,stride=1)]
        layers+=[nn.Conv2d(128,256,kernel_size=3,stride=1)]

        # Block 9
        layers+=[nn.Conv2d(256,128,kernel_size=1,stride=1)]
        layers+=[nn.Conv2d(128,256,kernel_size=3,stride=1)]
    else:
        layers+=[InvertedResidual(in_channels,512,stride=2,expand_ratio=0.2)]
        layers+=[InvertedResidual(512,256,stride=2,expand_ratio=0.25)]
        layers+=[InvertedResidual(256,256,stride=2,expand_ratio=0.5)]
        layers+=[InvertedResidual(256,64,stride=2,expand_ratio=0.25)]

    return nn.ModuleList(layers)
```

为了从特征获取预测结果，分别取出 Conv4 的第三层卷积特征、FC7 卷积特征、Conv6 的第二层卷积特征、Conv7 的第二层卷积特征、Conv8 的第二层卷积特征和 Conv9 的第二层卷积特征共六个特征层，作为有效特征层，如图 6-10 所示。

对获取到的每个有效特征层做一次 num_anchors×4 的卷积和一次 num_anchors×num_classes（分类数量）的卷积，num_anchors 指的是该特征层每一个特征点所拥有的先验边框数量。以上 6 个特征层，每个特征层的每个特征点对应的先验边框数量分别为 4、6、6、6、

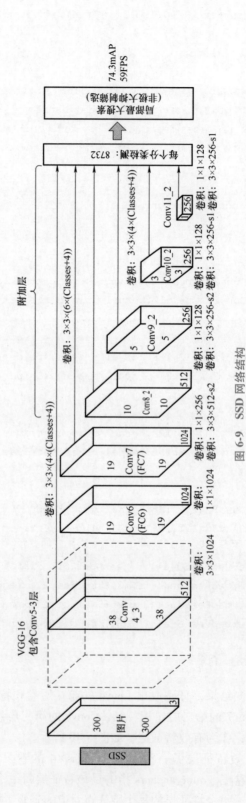

图 6-9 SSD 网络结构

第 6 章 行人检测项目

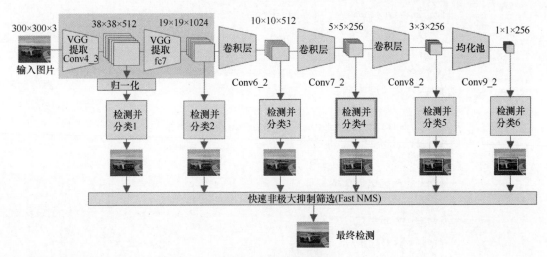

图 6-10 目标提取过程

4 和 4。其中 num_anchors×4 的卷积用于预测该特征层每一个网格点上每一个先验边框的变化情况；num_anchors×num_classes 的卷积用于预测该特征层每一个网格点上每一个预测对应的种类。利用 num_anchors×4 的卷积对每一个有效特征层对应的先验边框进行调整，可以获得预测边框。实现的代码如下。

```
class SSD300(nn.Module):
    def __init__(self,num_classes,backbone_name,pretrained=False):
        super(SSD300,self).__init__()
        self.num_classes=num_classes
        if backbone_name=="vgg":
            self.vgg=add_vgg(pretrained)
            self.extras=add_extras(1024,backbone_name)
            self.L2Norm=L2Norm(512,20)
            mbox=[4,6,6,6,4,4]

            loc_layers=[]
            conf_layers=[]
            backbone_source=[21,-2]

            # 在add_vgg获得的特征层里
            for k,v in enumerate(backbone_source):
                loc_layers+=[nn.Conv2d(self.vgg[v].out_channels,mbox[k] * 4, kernel_size=3,padding=1)]
                conf_layers+=[nn.Conv2d(self.vgg[v].out_channels,mbox[k] * num_classes,kernel_size=3,padding=1)]

            # 在add_extras获得的特征层里
```

```python
            for k,v in enumerate(self.extras[1::2],2):
                loc_layers+=[nn.Conv2d(v.out_channels,mbox[k]*4,kernel_size=3,padding=1)]
                conf_layers+=[nn.Conv2d(v.out_channels,mbox[k]*num_classes,kernel_size=3,padding=1)]
        else:
            self.mobilenet=mobilenet_v2(pretrained).features
            self.extras=add_extras(1280,backbone_name)
            self.L2Norm=L2Norm(96,20)
            mbox=[6,6,6,6,6,6]

            loc_layers=[]
            conf_layers=[]
            backbone_source=[13,-1]
            for k,v in enumerate(backbone_source):
                loc_layers+=[nn.Conv2d(self.mobilenet[v].out_channels,mbox[k]*4,kernel_size=3,padding=1)]
                conf_layers+=[nn.Conv2d(self.mobilenet[v].out_channels,mbox[k]*num_classes,kernel_size=3,padding=1)]
            for k,v in enumerate(self.extras,2):
                loc_layers+=[nn.Conv2d(v.out_channels,mbox[k]*4,kernel_size=3,padding=1)]
                conf_layers+=[nn.Conv2d(v.out_channels,mbox[k]*num_classes,kernel_size=3,padding=1)]

        self.loc=nn.ModuleList(loc_layers)
        self.conf=nn.ModuleList(conf_layers)
        self.backbone_name=backbone_name

    def forward(self,x):

        sources=list()
        loc=list()
        conf=list()

        if self.backbone_name=="vgg":
            for k in range(23):
                x=self.vgg[k](x)
        else:
            for k in range(14):
                x=self.mobilenet[k](x)
        # Conv4_3 的内容
```

```python
        s = self.L2Norm(x)
        sources.append(s)

        # 获得Conv7的内容

        if self.backbone_name == "vgg":
            for k in range(23, len(self.vgg)):
                x = self.vgg[k](x)
        else:
            for k in range(14, len(self.mobilenet)):
                x = self.mobilenet[k](x)

        sources.append(x)

        # 在add_extras获得的特征层里
        for k, v in enumerate(self.extras):
            x = F.relu(v(x), inplace=True)
            if self.backbone_name == "vgg":
                if k % 2 == 1:
                    sources.append(x)
            else:
                sources.append(x)
        # 为获得的6个有效特征层添加回归预测和分类预测

        for (x, l, c) in zip(sources, self.loc, self.conf):
            loc.append(l(x).permute(0, 2, 3, 1).contiguous())
            conf.append(c(x).permute(0, 2, 3, 1).contiguous())

        # 使用reshape函数,方便堆叠

        loc = torch.cat([o.view(o.size(0), -1) for o in loc], 1)
        conf = torch.cat([o.view(o.size(0), -1) for o in conf], 1)

        output = (
            loc.view(loc.size(0), -1, 4),
            conf.view(conf.size(0), -1, self.num_classes),
        )
        return output
```

SSD解码过程可以分为以下两部分:

1) 将每个网格的中心点加上它对应的水平偏移量和垂直偏移量,加完之后的结果就是预测边框的中心。

2)利用宽和高调整先验边框,获得预测边框的宽和高。

获得预测边框的中心点、宽和高后,便可以在图片上绘制预测边框了。但是想要获得最终的预测结果,还要对每一个预测边框再进行得分排序与非极大抑制筛选,这一部分基本是目标检测领域通用的部分。实现的代码如下。

```python
import numpy as np
import torch
from torch import nn
from torchvision.ops import nms

class BBoxUtility(object):
    def __init__(self,num_classes):
        self.num_classes=num_classes

    def ssd_correct_boxes(self,box_xy,box_wh,input_shape,image_shape,letterbox_image):
        # 把y轴放前面是因为方便预测边框和图片的宽、高相乘
        box_yx=box_xy[...,::-1]
        box_hw=box_wh[...,::-1]
        input_shape=np.array(input_shape)
        image_shape=np.array(image_shape)

        if letterbox_image:
            # 这里求出来的offset是图片有效区域相对于图片左上角的偏移情况
            # new_shape指的是宽、高缩放情况
            new_shape=np.round(image_shape * np.min(input_shape/image_shape))
            offset=(input_shape-new_shape)/2./input_shape
            scale=input_shape/new_shape

            box_yx=(box_yx-offset) * scale
            box_hw * =scale

        box_mins=box_yx-(box_hw/2.)
        box_maxes=box_yx+(box_hw/2.)
        boxes=np.concatenate([box_mins[...,0:1],box_mins[...,1:2],box_maxes[...,0:1],box_maxes[...,1:2]],axis=-1)
        boxes * =np.concatenate([image_shape,image_shape],axis=-1)
        return boxes

    def decode_boxes(self,mbox_loc,anchors,variances):
        #获得先验边框的宽、高
        anchor_width=anchors[:,2]-anchors[:,0]
```

```python
        anchor_height=anchors[:,3]-anchors[:,1]
        # 获得先验边框的中心点
        anchor_center_x=0.5 * (anchors[:,2]+anchors[:,0])
        anchor_center_y=0.5 * (anchors[:,3]+anchors[:,1])

        # 真实边框距离先验边框中心的x、y轴偏移情况
        decode_bbox_center_x=mbox_loc[:,0] * anchor_width * variances[0]
        decode_bbox_center_x+=anchor_center_x
        decode_bbox_center_y=mbox_loc[:,1] * anchor_height * variances[0]
        decode_bbox_center_y+=anchor_center_y

        # 真实边框宽、高的求取
        decode_bbox_width=torch.exp(mbox_loc[:,2] * variances[1])
        decode_bbox_width *= anchor_width
        decode_bbox_height=torch.exp(mbox_loc[:,3] * variances[1])
        decode_bbox_height *= anchor_height

        # 获取真实边框的左上角与右下角
        decode_bbox_xmin=decode_bbox_center_x-0.5 * decode_bbox_width
        decode_bbox_ymin=decode_bbox_center_y-0.5 * decode_bbox_height
        decode_bbox_xmax=decode_bbox_center_x+0.5 * decode_bbox_width
        decode_bbox_ymax=decode_bbox_center_y+0.5 * decode_bbox_height

        # 真实边框的左上角与右下角进行堆叠
        decode_bbox=torch.cat((decode_bbox_xmin[:,None],
                                decode_bbox_ymin[:,None],
                                decode_bbox_xmax[:,None],
                                decode_bbox_ymax[:,None]),dim=-1)
        # 防止超出0与1
        decode_bbox = torch.min(torch.max(decode_bbox,torch.zeros_like(decode_bbox)),torch.ones_like(decode_bbox))
        return decode_bbox

    def decode_box(self,predictions,anchors,image_shape,input_shape,letterbox_image,variances=[0.1,0.2],nms_iou=0.3,confidence=0.5):
        mbox_loc=predictions[0]
        # 获得种类的置信度
        mbox_conf=nn.Softmax(-1)(predictions[1])

        results=[]

        # 对每一张图片进行处理,由于在执行predict.py时,只输入一张图片,所以for i in range(len(mbox_loc))只进行一次
```

```python
        for i in range(len(mbox_loc)):
            results.append([])
            # 利用回归结果对先验边框进行解码
            decode_bbox=self.decode_boxes(mbox_loc[i],anchors,variances)

            for c in range(1,self.num_classes):
                # 取出属于该类的所有边框的置信度,判断是否大于阈值
                c_confs=mbox_conf[i,:,c]
                c_confs_m=c_confs > confidence
                if len(c_confs[c_confs_m]) > 0:
                    # 取出得分高于confidence的边框
                    boxes_to_process=decode_bbox[c_confs_m]
                    confs_to_process=c_confs[c_confs_m]

                    keep=nms(
                        boxes_to_process,
                        confs_to_process,
                        nms_iou
                    )
                    # 取出在非极大抑制中效果较好的内容
                    good_boxes=boxes_to_process[keep]
                    confs=confs_to_process[keep][:,None]
                    labels = (c-1) * torch.ones((len(keep),1)).cuda() if confs.is_cuda else torch.ones((len(keep),1))
                    # 将标签、置信度、边框的位置进行堆叠
                    c_pred=torch.cat((good_boxes,labels,confs),dim=1).cpu().numpy()
                    # 添加进结果里
                    results[-1].extend(c_pred)

            if len(results[-1]) > 0:
                results[-1]=np.array(results[-1])
                box_xy,box_wh=(results[-1][:,0:2]+results[-1][:,2:4])/2,results[-1][:,2:4]-results[-1][:,0:2]
                results[-1][:,:4] = self.ssd_correct_boxes(box_xy,box_wh,input_shape,image_shape,letterbox_image)

        return results
```

6.2.2 数据集制作

数据集制作采取 VOC 格式,在项目下新建目录 VOCdevkit,整个数据集的目录结构如下。将标签文件放在 VOCdevkit 目录中 VOC_xxx 文件夹下的 Annotation 中,将 jpg 格式的图

片放在 JPEGImages 中，结构如下。

```
VOCdevkit
 |--VOC_xxx
     |--JPEGImages   #存放 jpg 格式图片
     |--Annotations  #存放 xml 标注文件
     |--ImageSets
         |--Main     #存放不带后缀的文件名列表
     |--subdir2
     ...
 |--dir2
...
```

在完成数据集的摆放后，需对数据集进行下一步处理，目的是为了获得训练用的_xxx_train.txt 和_xxx_val.txt 文件。在工程下新建 voc_annotation.py 脚本，编写代码如下。

```python
import os
import random
import xml.etree.ElementTree as ET

import numpy as np

from utils.utils import get_classes


#---------------------------------------------------------------------#
#   annotation_mode 用于指定该文件运行时计算的内容
#   annotation_mode 为 0 代表整个标签处理过程，包括获得 VOCdevkit/VOC_xxx/ImageSets 里面
#   的 txt 文件以及训练用的_xxx_train.txt、2007_val.txt 文件
#   annotation_mode 为 1 代表获得 VOCdevkit/VOC_xxx/ImageSets 里面的 txt 文件
#   annotation_mode 为 2 代表获得训练用的 2007_train.txt、2007_val.txt 文件
#---------------------------------------------------------------------#
annotation_mode=0
classes_path='model_data/cls_classes.txt'
trainval_percent=0.9
train_percent=0.9
#   指向 VOC 数据集所在的文件夹,默认指向根目录下的 VOC 数据集
VOCdevkit_path='VOCdevkit'

VOCdevkit_sets=[('_xxx','train'),('_xxx','val')]
classes,_=get_classes(classes_path)

#   统计目标数量
photo_nums=np.zeros(len(VOCdevkit_sets))
```

```python
nums=np.zeros(len(classes))
def convert_annotation(year,image_id,list_file):
    in_file=open(os.path.join(VOCdevkit_path,'VOC%s/Annotations/%s.xml'%(year,image_id)),encoding='utf-8')
    tree=ET.parse(in_file)
    root=tree.getroot()

    for obj in root.iter('object'):
        difficult=0
        if obj.find('difficult')!=None:
            difficult=obj.find('difficult').text
        cls=obj.find('name').text
        if cls not in classes or int(difficult)==1:
            continue
        cls_id=classes.index(cls)
        xmlbox=obj.find('bndbox')
        b=(int(float(xmlbox.find('xmin').text)),int(float(xmlbox.find('ymin').text)),int(float(xmlbox.find('xmax').text)),int(float(xmlbox.find('ymax').text)))
        list_file.write(" "+",".join([str(a) for a in b])+','+str(cls_id))

        nums[classes.index(cls)]=nums[classes.index(cls)]+1

if __name__=="__main__":
    random.seed(0)
    if " " in os.path.abspath(VOCdevkit_path):
        raise ValueError("数据集存放的文件夹路径与图片名称中不可以存在空格,否则会影响正常的模型训练,请注意修改。")

    if annotation_mode==0 or annotation_mode==1:
        print("Generate txt in ImageSets.")
        xmlfilepath=os.path.join(VOCdevkit_path,'VOC_xxx/Annotations')
        saveBasePath=os.path.join(VOCdevkit_path,'VOC_xxx/ImageSets/Main')
        temp_xml=os.listdir(xmlfilepath)
        total_xml=[]
        for xml in temp_xml:
            if xml.endswith(".xml"):
                total_xml.append(xml)

        num=len(total_xml)
        list=range(num)
        tv=int(num*trainval_percent)
        tr=int(tv*train_percent)
```

```python
        trainval=random.sample(list,tv)
        train=random.sample(trainval,tr)

        print("train and val size",tv)
        print("train size",tr)
        ftrainval=open(os.path.join(saveBasePath,'trainval.txt'),'w')
        ftest=open(os.path.join(saveBasePath,'test.txt'),'w')
        ftrain=open(os.path.join(saveBasePath,'train.txt'),'w')
        fval=open(os.path.join(saveBasePath,'val.txt'),'w')

        for i in list:
            name=total_xml[i][:-4]+'\n'
            if i in trainval:
                ftrainval.write(name)
                if i in train:
                    ftrain.write(name)
                else:
                    fval.write(name)
            else:
                ftest.write(name)

        ftrainval.close()
        ftrain.close()
        fval.close()
        ftest.close()
        print("Generate txt in ImageSets done.")

    if annotation_mode==0 or annotation_mode==2:
        print("Generate 2007_train.txt and 2007_val.txt for train.")
        type_index=0
        for year,image_set in VOCdevkit_sets:
            image_ids=open(os.path.join(VOCdevkit_path,'VOC%s/ImageSets/Main/%s.txt'%(year,image_set)),encoding='utf-8').read().strip().split()
            list_file=open('%s_%s.txt'%(year,image_set),'w',encoding='utf-8')
            for image_id in image_ids:
list_file.write('%s/VOC%s/JPEGImages/%s.jpg'%(os.path.abspath(VOCdevkit_path),year,image_id))

                convert_annotation(year,image_id,list_file)
                list_file.write('\n')
            photo_nums[type_index]=len(image_ids)
            type_index+=1
```

```
            list_file.close()
        print("Generate 2007_train.txt and 2007_val.txt for train done.")

    def printTable(List1,List2):
        for i in range(len(List1[0])):
            print("|",end='')
            for j in range(len(List1)):
                print(List1[j][i].rjust(int(List2[j])),end='')
                print("|",end='')
            print()

    str_nums=[str(int(x))for x in nums]
    tableData=[
    classes,str_nums
    ]
    colWidths=[0]*len(tableData)
    len1=0
    for i in range(len(tableData)):
        for j in range(len(tableData[i])):
            if len(tableData[i][j])>colWidths[i]:
                colWidths[i]=len(tableData[i][j])
    printTable(tableData,colWidths)

    if photo_nums[0]<=500:
        print("训练集数量小于500,属于较小的数据量,请注意设置较大的训练迭代次数(Epoch)以满足足够的梯度下降次数(Step)。")

    if np.sum(nums)==0:
        print("在数据集中并未获得任何目标,请注意修改classes_path对应自己的数据集,并且保证标签名字正确,否则训练将会没有任何效果!")
```

voc_annotation.py 脚本使用位于 model_data 目录下的 classes_path.txt 文件获取目标检测任务中的类别信息。对于使用 SSD 模型进行的行人检测,该文件应包含一个类别标签 person,以便脚本知道模型应该检测的特定对象类别。

6.2.3 训练

得到_xxx_train.txt 和_xxx_val.txt 文件后,便可以进行模型的训练,在工程目录下新建 train.py 脚本,其中的 classes_path.txt 和 voc_annotation.py 里面的 txt 文件一样。修改完 classes_path.txt 后就可以运行 train.py 开始训练了,在进行多个迭代次数的训练后,权重会生成在 logs 文件夹中。

其他参数及其作用如下。

```
Cuda=True
classes_path='model_data/cls_classes.txt'
model_path='model_data/ssd_weights.pth'
input_shape=[300,300]
backbone="vgg"
pretrained=False
# 可用于设定先验边框的大小,默认的 anchors_size 是根据 VOC 数据集设定的,大多数情况下都是通用
的。如果想要检测小物体,可以修改 anchors_size,一般调小浅层先验边框的大小就行了,因为浅层负
责小物体检测,例如 anchors_size=[21,45,99,153,207,261,315]
anchors_size=[30,60,111,162,213,264,315]

Init_Epoch=0
Freeze_Epoch=50
Freeze_batch_size=16
Freeze_lr=5e-4

UnFreeze_Epoch=100
Unfreeze_batch_size=8
Unfreeze_lr=1e-4

Freeze_Train=True

num_workers=4

train_annotation_path=_xxx_train.txt'
val_annotation_path='xxx_val.txt'
```

ssd_weights.pth 为权重文件,被放置在 model_data 文件夹下。模型的预训练权重对不同数据集通用,因为特征通用。模型的预训练权重比较重要的部分是主干特征提取网络的权重部分,用于特征提取。预训练权重在 99%的情况中必须要用,否则主干部分的权重太过随机,特征提取效果不明显,网络模型训练的结果也不会好。

如果训练过程中存在中断训练的操作,可以将 model_path 设置成 logs 文件夹下的权重文件,将已经训练了一部分的权重再次载入。同时修改下方冻结阶段或者解冻阶段的参数,以保证模型迭代次数的连续性。当 model_path = 'model_data/ssd_weights.pth'(若权重文件位于 model_data 目录下,且文件名为 ssd_weights.pth)时不加载整个模型的权重。此处使用的是整个模型的权重,因此是在 train.py 中进行加载的,下面的预训练不影响此处的权重加载。若想要让模型从主干的预训练权重开始训练,则设置 model_path 之中的 pretrained = True,此时仅加载主干;若想要让模型从 0 开始训练,则设置 model_path 之中的 pretrained = Fasle,Freeze_Train=Fasle,此时从 0 开始训练,且没有冻结主干的过程。

一般来讲,从 0 开始训练的效果会很差,因为权重太过随机,特征提取效果不明显。网络模型一般不从 0 开始训练,至少会使用主干部分的权重,有些论文提到可以不用预训练,

主要原因是他们的数据集较大且调参能力优秀。如果一定要训练网络模型的主干部分，可以了解 ImageNet 数据集，首先训练分类模型，分类模型的主干部分和该模型通用，基于此进行训练。

训练分为两个阶段，分别为冻结阶段和解冻阶段，显存不足与数据集的大小无关，提示显存不足时请调小 batch_size，受到批标准化层影响，batch_size 最小为 2，不能为 1。冻结阶段训练参数，此时模型的主干被冻结了，特征提取网络模型不发生改变，占用的显存较小，仅对网络模型进行微调。解冻阶段训练参数，此时模型的主干不被冻结了，特征提取网络模型会发生改变，占用的显存较大，网络模型所有的参数都会发生改变。将 Freeze_Train 设为 True，也就是默认先冻结主干训练，后解冻训练。num_workers 用于设置是否使用多线程读取数据，开启后会加快数据读取速度，但是会占用更多内存，内存较小的计算机可以设置为 2 或 0。train_annotation_path 和 val_annotation_path 是获取图片和标签的路径。

运行 train.py 文件，训练过程如图 6-11 所示，可以观察到已经开始训练的模型。

```
root@14a8cef2fb07:/home/ubuntu1804/ssd/ssd-pytorch# python train.py
initialize network with normal type
Load weights model_data/ssd_weights.pth.

Successful Load Key: ['vgg.0.weight', 'vgg.0.bias', 'vgg.2.weight', 'vgg.2.bias', 'vgg.5.weight', 'vgg.5.bias', 'vgg.7.weight
.19.weight', 'vgg.19.bias', 'vgg.21.weight', 'vgg.21.bias', 'vgg.24.weight', 'vgg.24.bias', 'vgg.26.weight', 'vgg.26.bias', '
Successful Load Key Num: 59

Fail To Load Key: ['conf.0.weight', 'conf.0.bias', 'conf.1.weight', 'conf.1.bias', 'conf.2.weight', 'conf.2.bias', 'conf.3.we
Fail To Load Key num: 12

温馨提示，head部分没有载入是正常现象，Backbone部分没有载入是错误的。
Configurations:
----------------------------------------------------------------
|             keys |                              values|
----------------------------------------------------------------
|     classes_path |          model_data/cls_classes.txt|
|       model_path |        model_data/ssd_weights.pth|
|      input_shape |                          [300, 300]|
|       Init_Epoch |                                   0|
|     Freeze_Epoch |                                  50|
|   UnFreeze_Epoch |                                 200|
| Freeze_batch_size|                                  16|
|Unfreeze_batch_size|                                  8|
|     Freeze_Train |                                True|
|          Init_lr |                               0.002|
|           Min_lr |                               2e-05|
|   optimizer_type |                                 sgd|
|         momentum |                               0.937|
|    lr_decay_type |                                 cos|
|      save_period |                                  10|
|         save_dir |                                logs|
|      num_workers |                                   4|
|        num_train |                                1230|
|          num_val |                                 137|
----------------------------------------------------------------
[Warning] 使用sgd优化器时，建议将训练总步长设置到50000以上。
[Warning] 本次运行的总训练数据量为1230，Unfreeze_batch_size为8，共训练200个Epoch，计算出总训练步长为30600。
[Warning] 由于总训练步长为30600，小于建议总步长50000，建议设置总世代为327。
Start Train
Epoch 1/200:   0%|
```

图 6-11　训练过程

训练完成之后可以观察到，在 logs 文件下，存取了训练过程中的权重文件，示意图如图 6-12 所示。

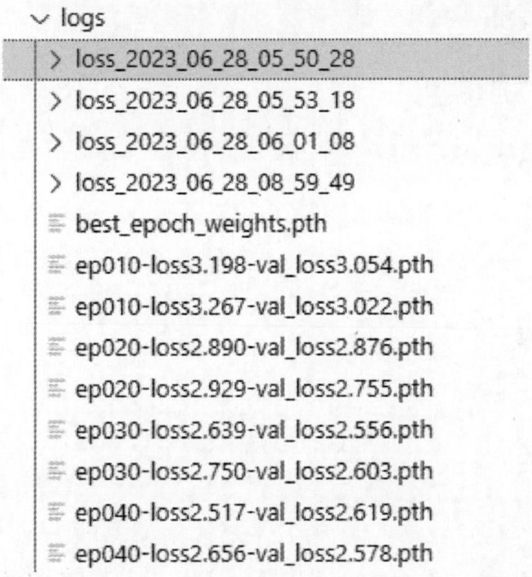

```
  v logs
    > loss_2023_06_28_05_50_28
    > loss_2023_06_28_05_53_18
    > loss_2023_06_28_06_01_08
    > loss_2023_06_28_08_59_49
      best_epoch_weights.pth
      ep010-loss3.198-val_loss3.054.pth
      ep010-loss3.267-val_loss3.022.pth
      ep020-loss2.890-val_loss2.876.pth
      ep020-loss2.929-val_loss2.755.pth
      ep030-loss2.639-val_loss2.556.pth
      ep030-loss2.750-val_loss2.603.pth
      ep040-loss2.517-val_loss2.619.pth
      ep040-loss2.656-val_loss2.578.pth
```

图 6-12 训练过程中存取的权重文件示意图

6.2.4 预测和评估

训练结果预测需要用到两个文件，分别是 ssd.py 和 predict.py，代码可扫码获取。和之前一样，需要去 ssd.py 里面修改 model_path 和 classes_path 为实际对应的训练权重文件和目标识别种类。在此我们选择上一步训练模型表现最好的权重，对应设置如下。

```
"model_path":'logs/best_epoch_weights.pth',
"classes_path":'model_data/cls_classes.txt',
```

predict.py 代码如下。该代码将单张图片预测、摄像头检测、FPS（每秒帧数）检测和目录遍历检测多功能融为一体，具体测试模式由参数 mode 决定。当 mode 为 "predict" 时，表示单张图片预测；当 mode 为 "video" 时，表示摄像头检测，可调用摄像头或者视频进行检测；当 mode 为 "fps" 时，表示 FPS 检测，使用的图片是 img 文件夹的 street.jpg；当 mode 为 "dir_predict" 时，表示目录遍历检测，默认遍历 img 文件夹；保存 img_out 文件夹；当 mode 为 "export_onnx" 时，表示将模型导出为 ONNX。

```
import time

import cv2
import numpy as np
from PIL import Image

from ssd import SSD

if __name__=="__main__":
    ssd=SSD()
```

```
    mode="export_onnx"

    crop=False
    count=False

    video_path=0
    video_save_path=""
    video_fps=25.0

    test_interval=100
    fps_image_path="img/test.jpg"

    dir_origin_path="img/"
    dir_save_path="img_out/"

    simplify=True
    onnx_save_path="model_data/models.onnx"

    if mode=="predict":
        while True:
            img=input('Input image filename:')
            try:
                image=Image.open(img)
            except:
                print('Open Error! Try again! ')
                continue
            else:
                r_image=ssd.detect_image(image,crop=crop,count=count)
                r_image.show()
                r_image.save("img.jpg")

    elif mode=="video":
        capture=cv2.VideoCapture(video_path)
        if video_save_path!="":
            fourcc=cv2.VideoWriter_fourcc(*'XVID')
            size=(int(capture.get(cv2.CAP_PROP_FRAME_WIDTH)),int(capture.get(cv2.CAP_PROP_FRAME_HEIGHT)))
            out=cv2.VideoWriter(video_save_path,fourcc,video_fps,size)

        ref,frame=capture.read()
        if not ref:
```

```python
            raise ValueError("未能正确读取摄像头(视频),请注意是否正确安装摄像头(是否正确
填写视频路径)。")

        fps=0.0
        while(True):
            t1=time.time()
            # 读取某一帧
            ref,frame=capture.read()
            if not ref:
                break
            # 格式转变,BGR 转变为 RGB
            frame=cv2.cvtColor(frame,cv2.COLOR_BGR2RGB)
            # 转变成 Image
            frame=Image.fromarray(np.uint8(frame))
            # 进行检测
            frame=np.array(ssd.detect_image(frame))
            # RGB 较变为 BGR,满足 OpenCV 显示格式
            frame=cv2.cvtColor(frame,cv2.COLOR_RGB2BGR)

            fps=(fps+(1./(time.time()-t1)))/2
            print("fps=%.2f"%(fps))
            frame=cv2.putText(frame,"fps=%.2f"%(fps),(0,40),cv2.FONT_HERSHEY_SIMPLEX,1,(0,255,0),2)

            cv2.imshow("video",frame)
            c=cv2.waitKey(1)& 0xff
            if video_save_path!="":
                out.write(frame)

            if c==27:
                capture.release()
                break

        print("Video Detection Done!")
        capture.release()
        if video_save_path!="":
            print("Save processed video to the path :"+video_save_path)
            out.release()
        cv2.destroyAllWindows()

    elif mode=="fps":
        img=Image.open(fps_image_path)
```

```
            tact_time=ssd.get_FPS(img,test_interval)
            print(str(tact_time)+'seconds,'+str(1/tact_time)+'FPS,@ batch_size 1')

    elif mode=="dir_predict":
        import os
        from tqdm import tqdm
        img_names=os.listdir(dir_origin_path)
        for img_name in tqdm(img_names):
            if img_name.lower().endswith(('.bmp','.dib','.png','.jpg','.jpeg','.pbm','.pgm','.ppm','.tif','.tiff')):
                image_path=os.path.join(dir_origin_path,img_name)
                image=Image.open(image_path)
                r_image=ssd.detect_image(image)
                if not os.path.exists(dir_save_path):
                    os.makedirs(dir_save_path)
                r_image.save(os.path.join(dir_save_path,img_name.replace(".jpg",".png")),quality=95,subsampling=0)

    elif mode=="export_onnx":
        ssd.convert_to_onnx(simplify,onnx_save_path)

    else:
        raise AssertionError("Please specify the correct mode:'predict','video','fps' or'dir_predict'.")
```

在终端输入"python predict.py"命令运行 predict.py 脚本。运行时要求输入待检测图片的路径，这里把测试图片 test.jpg 放在 img 文件夹下，所以输入的路径为 img/test.jpg，预测完成之后会将结果以 img.img（见图 6-13）形式保存在工程根目录下。

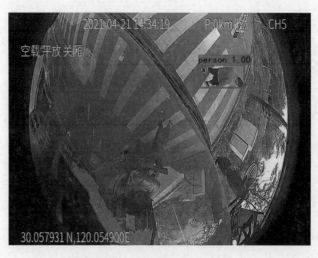

图 6-13　test.jpg 预测结果 img.img

进行模型评估需要用到 get_map.py 文件，同样需要设置 model_path 和 classes_path，设置方式和预测时的设置方式相同。设置完成后便可以在终端输入"python get_map.py"命令运行 get_map.py 文件，运行时的终端显示如图 6-14 所示，可以看出此模型预测出行人这一类别时的平均精度（AP）为 91.23%，在阈值（score_threshold）为 0.5 的情况下，F1 为 0.85，召回率（Recall）为 73.81%，精确度（Precision）为 99.20%。

```
root@14a8cef2fb07:/home/ubuntu1804/ssd/ssd-pytorch# python get_map.py
Load model.
logs/best_epoch_weights.pth model, anchors, and classes loaded.
Configurations:
----------------------------------------------------------------
|                  keys |                             values |
----------------------------------------------------------------
|            model_path |        logs/best_epoch_weights.pth |
|          classes_path |          model_data/cls_classes.txt |
|           input_shape |                         [300, 300] |
|              backbone |                                vgg |
|            confidence |                                0.5 |
|               nms_iou |                               0.45 |
|          anchors_size |  [30, 60, 111, 162, 213, 264, 315] |
|       letterbox_image |                              False |
|                  cuda |                               True |
----------------------------------------------------------------
Load model done.
Get predict result.
100%|████████████████████████████████████████████|
Get predict result done.
Get ground truth result.
100%|████████████████████████████████████████████|
Get ground truth result done.
Get map.
91.23% = person AP    ||    score_threshold=0.5 : F1=0.85 ; Recall=73.81% ; Precision=99.20%
mAP = 91.23%
Get map done.
```

图 6-14 终端显示

不同阈值对应的 F1 值、召回率和精确度将对应绘制成曲线图，如图 6-15 所示，保存至 map_out 文件夹中。

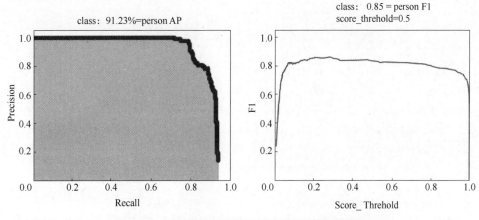

图 6-15 不同阈值对应的 F1 值、召回率和精确度

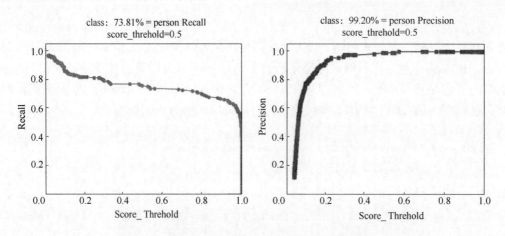

图 6-15　不同阈值对应的 F1 值、召回率和精确度（续）

6.3　模型转换

如前面章节所述 ONNX 是一种开放的深度学习模型表示格式，它旨在提供一个通用的格式，用于在不同的深度学习框架之间无缝地交换模型。所以为了更好地完成后续的部署工作，可将模型转换为 ONNX 格式。具体方法是在 predict.py 脚本中调用 ssd.py 的 convert_to_onnx 函数，其实现代码如下。

```python
def convert_to_onnx(self,simplify,model_path):
    import onnx
    self.generate(onnx=True)

    im = torch.zeros(1,3, * self.input_shape).to('cpu')   # image size (1,3,512,512)BCHW
    input_layer_names = ["images"]
    output_layer_names = ["output"]

    # 导出模型
    print(f'Starting export with onnx {onnx.__version__}.')
    torch.onnx.export(self.net,
        im,
        f=model_path,
        verbose=False,
        opset_version=12,
        training=torch.onnx.TrainingMode.EVAL,
        do_constant_folding=True,
        input_names=input_layer_names,
        output_names=output_layer_names,
```

```
                dynamic_axes=None)

#检查
model_onnx=onnx.load(model_path)    #加载 ONNX 模型
onnx.checker.check_model(model_onnx)    #检测 ONNX 模型

#简化 ONNX
if simplify:
    import onnxsim
    print(f'Simplifying with onnx-simplifier {onnxsim.__version__}.')
    model_onnx,check=onnxsim.simplify(model_onnx,
                                     dynamic_input_shape=False,
                                     input_shapes=None)
    assert check,'assert check failed'
    onnx.save(model_onnx,model_path)

    print('Onnx model save as {}'.format(model_path))
```

调用时只需要在 predict.py 脚本中将参数 mode 设置为 "export_onnx" 即可，随后保存 predict.py 脚本，运行可以发现在 model_data 文件夹下生成了对应的 model.onnx 文件。

以上就是模型训练阶段的各个步骤，也是深度学习项目中的重要环节之一，模型的训练结果很大程度上会直接影响项目落地后的用户体验。

6.4 模型量化

6.4.1 RKNN 量化

前述所有步骤完成后，如果项目是用在个人计算机端的，那么这个权重已经可以部署了，但是本章的最终目标是将它在 AIBox 中运行，所以针对 AIBox 的环境，需要对模型文件进行量化。模型量化所需要用到的 RKNN-Toolkit 的容器环境搭建详见 3.3 节。

首先进入 RKNN-Toolkit，新建 img 文件夹存放一批素材用于量化，素材需要尽可能覆盖所有可能出现的场景，将它们的尺寸调整为模型输入的大小，并生成图片列表，代码如下。

```
import cv2
import os

img_w=300
img_h=300
```

```python
img_flod="images"

def main():
    img_path="./%s"%(img_flod)
    out_path="./%s%d_%d"%(img_flod,img_w,img_h)
    if not os.path.exists(out_path):
        os.mkdir(out_path)
    txt_file=open("./%s%d_%d.txt"%(img_flod,img_w,img_h),"w")
    for img_file in os.listdir(img_path):
        img=cv2.imread(os.path.join(img_path,img_file))
        out_file=os.path.join(out_path,img_file)
        txt_file.write(out_file)
        txt_file.write("\n")

        img=cv2.resize(img,(img_w,img_h),interpolation=cv2.INTER_CUBIC)
        print("outfile",out_file)
        cv2.imwrite(out_file,img)

    txt_file.close()

if __name__=='__main__':
    main()
```

得到图片列表之后,新建量化程序 quatified.py,代码如下。

```python
from rknn.api import RKNN

if __name__=='__main__':
    target_platform_str='rk1808'
    output="model.rknn"
    img_w=300
    img_h=300

    rknn=RKNN(verbose=True,verbose_file="./model.log")

    print('--> config model')
    rknn.config(channel_mean_value='127.5 127.5 127.5 127.5',reorder_channel='0 1 2',target_pla tform=target_platform_str)
    print('done')

    print('--> Loading model')
    ret=rknn.load_onnx(model='models.onnx')
```

```
    if ret ! =0:
        print ('Load model failed! Ret={}'.format(ret))
        exit(ret)
    print ('done')

    print ('--> Building model')
    # pre_compile 设置为 True 可以加快模型在终端的载入速度,但无法在 Docker 上推理,先设置为
False 在 Docker 中测试
    ret=rknn.build(do_quantization=True,dataset='./images%s_%s.txt'%(img_w,img_
h),pre_compile=False)
    if ret ! =0:
        print ('Build bsd failed! ')
        exit(ret)
    print ('done')

    print ('--> Export RKNN model')
    ret=rknn.export_rknn(output)
    if ret ! =0:
        print ('Export %s failed! '%(output))
        exit(ret)
    print ('done')

    rknn.release()
```

执行 quatified.py 脚本可以在工程目录下得到量化后的模型 model.rknn,随后便可以将其部署到 AIBox 中。

6.4.2 小结

在经历过不同硬件设备开发以后就会发现,量化也是整个过程中必不可少的一环,因为量化不仅能加速推理,也是对硬件环境的一种适配。其实即便是部署在个人计算机上的项目,在原模型可以直接运行的情况下,考虑到性能也会使用如 TensorRT 等方式对模型进行量化。

6.5 项目部署

6.5.1 项目工程

工程目录结构如下。

```
otest
|--sdk_rk1808    #相关 SDK
```

```
|--src     #源码
   |--otest   #主模块程序
      |--assets   #模型文件
   |--test    #测试程序
|--build_emv.cmake      #编译环境配置,供 CMakeLists 调用
|--CMakeLists.txt       #用于生成 Makefile,各源码模块中也有对应文件,逐级调用
```

源码可以直接从随书的资源中获取,本小节主要是梳理源码结构。行人检测项目框架图如图 6-16 所示,下面对几个重要的模块进行讲解,帮助读者更快地理解代码。

1)视频源：获取摄像头数据,用测试模块所配置的回调函数,向测试模块回调图像数据。

2)测试模块：向视频源配置一个用于传输图像的回调函数,向主模块配置一个用于传输推理结果的回调函数。将视频源回调来的图像数据传给主模块推理,并将主模块回调来的推理结果提供给绘图模块。

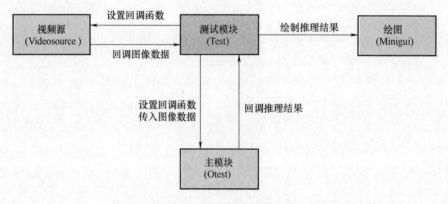

图 6-16　行人检测项目框架图

3)主模块：接收图像数据,用测试模块所配置的回调函数,向测试模块回调推理结果。主模块是另起线程进行异步推理,因为一旦推理的帧率低于视频源的帧率（25fps）,就会导致阻塞。

4)绘图：绘图模块将测试模块传输过来的推理结果绘制在画面上,用于展示。

6.5.2　源码解析

本小节仅对关键函数进行解析,其他可见源码的注释。

1. 主模块

1)对模块进行初始化,代码如下。

```
int TOtestProcImpl::Init(const TInitialItem & item)
{
```

```cpp
    int ret=-1;
    if (item.image_header.width>0 and item.image_header.height>0)
    {
    /// 默认值
    const char *default_model="assets/model.rknn";
    const char *default_prior_box="assets/otest_model_box_priors.txt";
    const char *default_label_list="assets/otest_model_labels_list.txt";

    std::string model=default_model;
    std::string prior_box=default_prior_box;
    std::string label_list=default_label_list;

    /// 从传入的配置文件中读取模型
    ai::IniFile ini;
    bool r=(item.config_file !=nullptr) and ini.Load(item.config_file);
    if (r==true)
    {
        /// 加载配置项
        ini.GetStringValue("otest","model",model,default_model);
        ini.GetStringValue("otest","prior_box",prior_box,default_prior_box);
        ini.GetStringValue("otest","label_list",label_list,default_label_list);
    }

    /// 得到输入图像的信息
    origin_header_=item.image_header;
    if (valid_flag_==true)
    {
        DeInit();
    }

    /// 初始化推理模块
    detector_=new TSsdDetector(model.c_str(),prior_box.c_str(),label_list.c_str(),item.image_header);
    /// 从模型文件中得到模型输入的尺寸
    GetInputImageSize(&kInferenceWidth,&kInferenceHeight);
    DPRINT("%d %d",kInferenceWidth,kInferenceHeight);

    /// 初始化RGA
    if (InitRgaPrev()==true)
    {
        ret=0;
    }
```

```
    else
    {
        ret=-3;
    }
}
    valid_flag_=(ret>=0);
    return ret;
}
```

在初始化模块中,首先从传入的 ini 配置文件中读取模型文件,如果没有配置,则直接给予一个默认值。完成初始化推理后,程序可以直接从模型文件里读取模型的输入尺寸,然后利用初始化传入的视频源尺寸和模型的尺寸初始化 RGA。

2) 对 RGA 进行初始化,代码如下。

```
bool TOtestProcImpl::InitRgaPrev()
{
    bool ret=false;

    ac::rga::SrcConfig src;
    ac::rga::DstConfig dst;
    auto rk_format=Convert2RkFormat(origin_header_.format);

    if (rk_format>=0)
    {
        /// 原始图像的信息
        src.width=origin_header_.width;
        src.height=origin_header_.height;
        src.format=ac::rga::RkFormat(rk_format);

        /// 需要转换的部分
        src.x=0;
        src.y=0;
        src.w=src.width;
        src.h=src.height;

        /// 目标图像的信息
        dst.width=kInferenceWidth;
        dst.height=kInferenceHeight;
        dst.format=ac::rga::RkFormat::RGB_888;

        delete rga_prev_;
        rga_prev_=new PrevRgaCircle(src,dst);
```

```
        ret=true;
    }

    return ret;
}
```

在对 RGA 初始化的过程中，需要指定原始图像的信息、原始图像中需要转换的部分和目标图像的信息，也就是告诉 RGA，需要从一种图转换成另一种图。

3) 更新最新图像，代码如下。

```
bool TOtestProcImpl::Update(const void * data,unsigned int size)
{
bool ret=false;
    if (valid_flag_ and (callback_.method !=nullptr) and (buffer_ !=nullptr) and
(not buffer_->IsFull()) and (data !=nullptr) and (size>0))
    {
        const auto &prev_pairs=rga_prev_->RgaBlit(reinterpret_cast<const uint8_t
* >(data),size,true);
        /// RGA 的转换结果
        const auto prev_r=std::get<0>(prev_pairs);
        /// RGA 转换后的数据指针
        const auto prev_ptr=std::get<1>(prev_pairs);

        if (prev_r==0)
        {
            /// RGA 转化后产生的是三通道的图像，这是 RGA 初始化时决定的
            ac::Image img;
            img.header.width=kInferenceWidth;
            img.header.height=kInferenceHeight;
            img.header.format=ac::kRGB888;///< 这里和 RGA 保持一致

            /// 封装了 RGA 队列，当视频帧率除以处理帧率小于 RGA 队列长度时，不会覆盖队列中所有
RGA 的数据指针，可以不复制数据
            img.data=prev_ptr;

            buffer_->Write(std::make_tuple(img,callback_));
            ret=true;
        }
        else
        {
            DPRINT("RgaBlit failed");
        }
```

```
    }
    else
    {
        /// DPRINT("maybe buffer is full...");
    }

    return ret;
}
```

4)外部调用 Update 函数,为主模块更新最新一帧的图像,经过 RGA 的转换送入缓冲区。取名为"Update"也是因为外部送入图像和主模块的推理是异步操作,中间用一个单项缓冲区连接,外部所传入的图像会不断更新缓冲区,内部在推理完成后会从缓冲区取数据。当处理帧率低于视频帧率时,外部送入的图像会不断更新缓冲区的图像,从而保证每次推理的图像都是最近的视频画面。

5)子线程循环推理,代码如下。

```
void TOtestProcImpl::Run()
{
    std::vector<TRectEx> boxes;
    while(true)
    {
        /// 这一行代码可能阻塞
        const auto &pairs=buffer_->Read();
        const auto &img=std::get<0>(pairs);
        const auto &callback=std::get<1>(pairs);

        if (img.data==nullptr and callback.sender==nullptr and callback.method==nullptr)
        {
            break;
        }
        void * ptr=img.data;
        if (ptr !=nullptr)
        {
            if (callback.method !=nullptr)
            {
                int r=-1;
                /// 推理图像
                r=detector_->Detect(img,&boxes);
                if (r>=0 and boxes.size()>0)
                {
```

```
            /// 有目标框则回调
            (callback.sender->*callback.method)(boxes.data(),boxes.size());
        }
        total_frame_++;
      }
    }
  }
}
```

Run() 函数循环运行在子线程中,直到反初始化或者析构时收到停止信号才会退出循环。该函数的主要功能就是从缓冲区中取出图像进行推理,并将推理的结果通过外部传入的回调函数传递出去。

2. 推理模块

推理模块的代码在 ssd_detector.cpp 文件中,推理模块的主要工作就是调用 RK1088 的接口进行图像的推理,并对推理结果进行处理后输出。这部分其实就是个人计算机上的推理代码,将 Python 代码翻译成 C++代码即可,读者可以对照着 6.4 节的代码阅读源码,这里不再赘述。

6.5.3 部署工程

开发环境的搭建可以参考第 4 章 WSL 安装步骤,以下全部指令都是在 WSL 下运行。
新建 build 文件夹,并进入到 build 文件夹中,执行 cmake 命令,代码如下。

```
cmake ..
```

当看到如下打印时,表明执行成功。

```
--Configuring done
--Generating done
```

执行编译,代码如下。

```
make install
```

若没有报错并且打印了一连串的"--Installing:"信息,则表示执行成功。
至此在 build 文件夹下会生成一个 install 目录,结构如下。

```
install
 |--otest
  |--assets           #模型文件,从 src/otest/assets 中复制过来的
    |--otest_model_box_priors.txt
    |--otest_model_labels_list.txt
    |--otest_model.rknn
```

```
|--include            #主模块库头文件,从 src/otest 中拷贝过来的
  |--otest_proc.h
|--lib                #主模块库文件和相关联的一些库
  |--libotest_proc.so
  |--libpredictor.so
  |--...
|--test_test          #可执行文件,由测试模块编译出来的
```

进入 install 文件夹中,将程序推入 AIBox,代码如下。

```
adb push otest /home
```

如果是通过网线连接 AIBox,也可以直接拖拽进去。

进入 AIBox 中,进入刚才推送程序的路径,这里是/home/otest,对可执行程序赋权限后执行,代码如下。

```
chmod 755 test_test
./test_test
```

程序开始运行,并输出如图 6-17 所示的信息,其中包括推理帧率、单帧推理时间和视频流帧率。

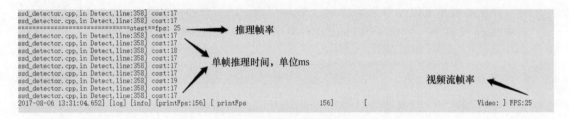

图 6-17　程序输出信息

终端识别测试图如图 6-18 所示。

图 6-18　终端识别测试图

图 6-18　终端识别测试图（续）

6.5.4　小结

至此整个行人检测项目全部完成，如果读者照着这个流程走完一遍，不妨运行起程序，拿起摄像头对准身边的某个人，看看他是否被框中显示在屏幕上。其实所有的深度学习落地项目都会经历这几个步骤，更进一步地，可以在部署的程序上对模型的输出结果按照个人的需求完成其他逻辑，例如限定行人的远近、范围，这些就有待读者发散思维进行探索了。

6.6　课后习题

1）什么是行人检测？
2）行人检测有哪些方法？
3）什么是 SSD 算法？

程序代码

第7章 车道线检测项目

第 7 章 车道线检测项目

车道线检测是辅助驾驶中必不可少的一项功能，它的主要目标是通过计算机视觉和图像处理技术，从道路图像中精确提取出车道线的位置和形状信息。这些提取到的车道线信息可以用于车道保持、车道偏离预警和自动驾驶路径规划等。通过实现准确的车道线检测系统，可以提高驾驶安全性，减少交通事故的发生，并为驾驶人提供更好的驾驶体验。

基于视觉的车道线检测方法可以分为传统的图像检测方法和深度学习方法两类。其中传统的图像检测方法可以通过边缘检测、滤波或颜色空间的车道线检测等方式得到车道线区域，再结合相关图像检测算法实现车道线检测，但其面对环境明显变化的场景并不能很好的检测，工作量大且鲁棒性差。而深度学习方法有较好的鲁棒性，且准确率更高。它大致有基于分类和目标检测的方法，以及基于端到端图像分割的方法等相关车道线检测方法。而本章的车道线检测采用的是 UNet 的语义分割网络模型。

车道线检测项目流程图如图 7-1 所示，主要思路是：通过素材采集获取训练要用的原始数据集，再经过标注与生成标签图两个步骤将原始数据集转化为可以被学习训练的数据集，然后通过模型训练得到相应模型，最后经过模型量化和部署等步骤将模型优化并转化成可被嵌入式平台运行的程序。本章的重点在于深度学习方向的实践，推理得到像素点后的车道线聚类、拟合算法，读者可以自行拓展。

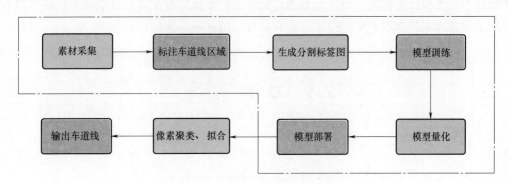

图 7-1 车道线检测项目流程图

7.1 素材采集与标注

素材的获取一般有两种途径，一种是利用相关设备如行车记录仪获取，另一种是通过下载公开的数据集获取。车道线检测相关的数据集有 TuSimple、CULane、CurveLanes 和 BDD100K 等。

素材标注使用 LabelMe 工具，本项目提供的例程的"数据集"文件夹内已经提供原图与对应标注文件，车道线检测项目对于车道线的标注有以下四点要求：

1）需要标注的内容为图片中人眼可以识别的车道线，包括白色和黄色的实线、白色和黄色的虚线。

2）对于双线的车道线，两条分开标注。

3）对于虚线中间没有车道线的部分进行补足。

4）对于没有车道线的图片，直接跳过，不做处理。

如图7-2所示为按以上要求给出的车道线标注示例。

图7-2 车道线标注示例

相较于分类和目标检测，语义分割的素材多了一步从标签文件到分割图的转换。因为语义分割是像素级别的推理，每个像素点都有其对应的标签，因此在训练中，它的标签就是和它等大的一张分割图。

7.2 环境搭建

深度学习的框架除了PyTorch外还有TensorFlow框架，本项目在TensorFlow框架下训练，所以需要先进行TensorFlow环境的搭建，其环境总体搭建步骤如下：

1）在Ubuntu系统（WSL2、虚拟机或多系统）下搭建TensorFlow环境的Docker。
2）在Docker环境内安装本项目的相关库。

当然，若有需求也可以在创建一个Docker容器后，在其内部建立Conda的虚拟环境，然后安装本项目需要的TensorFlow环境与相关库。

7.2.1 Docker环境搭建

针对不同的显卡，需要搭建不同的环境。本项目以30系显卡为例进行环境搭建介绍，30系显卡需要CUDA 11.1，可以使用英伟达提供的Docker镜像NVIDIA-TensorFlow。

如果没有安装过NVIDIA-Docker，首先要进行NVIDIA-Docker的安装，它是使用上述镜像的前提，安装步骤如下：

```
$ distribution=$(./etc/os-release;echo $ID$VERSION_ID)
$ curl-s-L https://nvidia.github.io/nvidia-docker/gpgkey | sudo apt-key add-
$ curl-s-L https://nvidia.github.io/nvidia-docker/$distribution/nvidia-docker.list | sudo tee/etc/apt/sources.list.d/nvidia-docker.list
```

```
$ sudo apt-get update
$ sudo apt-get install-y nvidia-docker2
```

接着进行 NVIDIA-TensorFlow 的 Docker 环境搭建，代码如下。

```
#拉取镜像
nvidia-docker pull nvcr.io/nvidia/tensorflow:20.10-tf1-py3
#创建容器
nvidia-docker run-d-it-p 10022:22-p 10500:5000-v/home:/home--name nvidia_tensorflow
nvcr.io/nvidia/tensorflow:20.10-tf1-py3
#"-p"代表了端口的映射,表示为"-p 宿主机端口:容器端口",这里预留了 22 端口,可以用于 SSH 登录,
5000 端口会在后面用到
#进入容器
nvidia-docker exec-it nvidia_tensorflow/bin/bash
```

安装 TensorFlow wheel 的索引，代码如下。

```
pip install nvidia-index
```

用官方提供的命令安装依赖包，代码如下。

```
pip install nvidia-tensorflow[horovod]
```

下载完成后进入对应的目录，因为这些依赖包安装存在一定顺序，所以按以下顺序执行命令。如果觉得一条一条执行繁琐，可以建一个后缀名为 sh 的 shell 脚本文件，将下列命令复制进文件后执行 "sh 文件名.sh" 命令提高效率。

```
pip install google_pasta-0.2.0-py3-none-any.whl
pip install nvidia_cublas-11.2.1.74-cp36-cp36m-linux_x86_64.whl
pip install nvidia_cuda_cupti-11.1.69-cp36-cp36m-linux_x86_64.whl
pip install nvidia_cuda_nvcc-11.1.74-cp36-cp36m-linux_x86_64.whl
pip install nvidia_cuda_cupti-11.1.69-cp36-cp36m-linux_x86_64.whlnvidia_cuda_nvcc-
11.1.74-cp36-cp36m-linux_x86_64.whl
pip install nvidia_cuda_nvrtc-11.1.74-cp36-cp36m-linux_x86_64.whl
pip install nvidia_cuda_runtime-11.1.74-cp36-cp36m-linux_x86_64.whl
pip install nvidia_cudnn-8.0.70-cp36-cp36m-linux_x86_64.whl
pip install nvidia_cufft-10.3.0.74-cp36-cp36m-linux_x86_64.whl
pip install nvidia_curand-10.2.2.74-cp36-cp36m-linux_x86_64.whl
pip install nvidia_cusolver-11.0.0.74-cp36-cp36m-linux_x86_64.whl
pip install nvidia_cusparse-11.2.0.275-cp36-cp36m-linux_x86_64.whl
pip install nvidia_dali_cuda110-0.26.0-1608709-py3-none-manylinux2014_x86_64.whl
pip install nvidia_dali_nvtf_plugin-0.26.0+nv20.10-cp36-cp36m-linux_x86_64.whl
pip install nvidia_nccl-2.7.8-cp36-cp36m-linux_x86_64.whl
```

```
pip install nvidia_tensorboard-1.15.0+nv20.10-py3-none-any.whl
pip install nvidia_tensorrt-7.2.1.4-cp36-none-linux_x86_64.whl
pip install nvidia_tensorflow-1.15.4+nv20.10-cp36-cp36m-linux_x86_64.whl
pip install tensorflow_estimator-1.15.1-py2.py3-none-any.whl
pip install nvidia_horovod-0.20.0+nv20.10-cp36-cp36m-linux_x86_64.whl
```

此外本项目还需要用到以下几个 Python 包，读者可以使用以下命令安装或者直接使用项目中的 requirements.txt 文件导入。

```
pip install scipy==1.1.0 -i https://pypi.tuna.tsinghua.edu.cn/simple
pip install scikit-learn -i https://pypi.tuna.tsinghua.edu.cn/simple
pip install tqdm -i https://pypi.tuna.tsinghua.edu.cn/simple
```

至此，本项目相关的环境已经搭建完成，接下来将安装一些需要用到的官方工具。

7.2.2 安装 TensorFlow 目标检测 API

TensorFlow 目标检测 API 是一个基于 TensorFlow 构建的开源框架，用于目标检测任务。它提供了丰富的目标检测模型，其中包括一些经典的模型架构，如 Faster RCNN（快速区域卷积神经网络）、SSD 和 Mask-RCNN（掩码区域卷积神经网络）等，具体可见 TensorFlow 的 models 库。

7.2.3 小结

其实从前文也可以看到，训练环境的部署方式不止一种，甚至在 Windows 下同样可以做模型的训练。本项目使用 Docker 环境进行训练，因为很多框架都有现成的镜像，可以帮助初学者跨过繁琐的配置。

7.3 模型训练

本节将介绍 UNet 车道线检测的网络模型，以及训练前的步骤和训练这三个部分。本书提供了此项目的例程，为了方便和以防万一，读者可以将文件夹的中文名称修改成英文名。此外，后续本章将称此项目文件夹为 project，项目目录如图 7-3 所示。

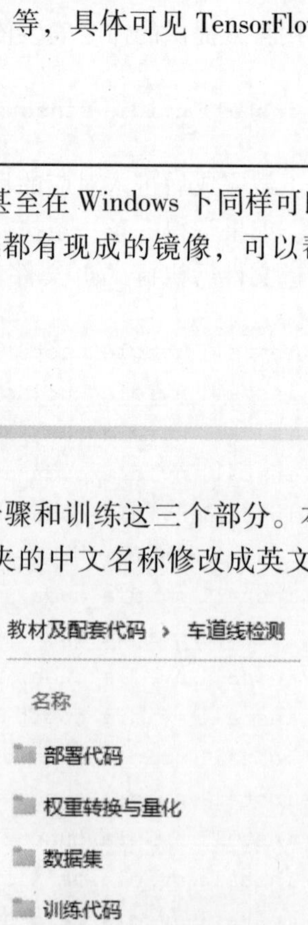

其中"部署代码"文件夹包含的是模型部署的代码，它是项目的最后一步。而"权重转换与量化"包含的是模型转换与量化的相关代码，它是项目的倒数第二步。本节介绍"数据集"和"训练代码"文件夹，实现数据集制作、模型训练及保存。在 7.1 节中已经实现了素材采集与标注，所以此节默认已经有了素材图片和标注文件，当然相关文件也可以在"数据集"文件夹内找到。要实现本节

图 7-3 项目目录

内容，还需要以下程序：标签转换程序、数据集制作程序和模型及训练程序。这三部分内容在本项目提供的例程"训练代码"文件夹下，分别对应的是 ldw_draw.py、make_dataset.py 和其他程序，目录结构如图 7-4 所示。

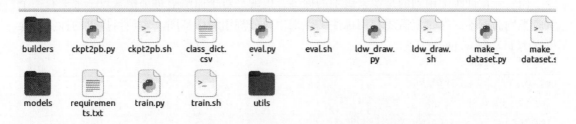

图 7-4 "训练代码"文件夹目录结构

其中 models 文件夹内存有模型程序，builders 文件夹内存有模型接口程序，utils 文件夹内存有相关的辅助函数，train.py 是模型训练程序，ckpt2pb.py 是将训练完成后的 ckpt 文件转换为 pb 文件的程序，eval.py 是评估程序用训练过程中保存的 pb 文件进行推理的程序。

7.3.1 模型设计思想

本项目使用 UNet 的语义分割网络模型，UNet 网络结构如图 7-5 所示，其形状类似字母 U 所以被称为 UNet。起初 UNet 被用于医学领域，而后 UNet 凭借着突出的表现被广泛应用。UNet 本质上是一个编码器和解码器的结构，左边是特征提取，右边是采样恢复原始分辨率，中间采用跳层连接的方式将位置信息和语义信息融合。

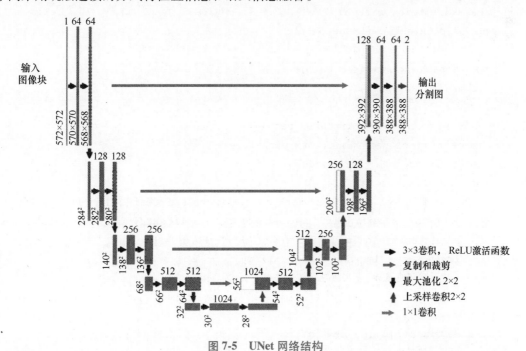

图 7-5 UNet 网络结构

7.3.2 标签转换

7.1节中标注完的素材仅仅是多了一个标签文件,保存了所标注的多边形的类别和位置,而实际在训练中用到的是像素级别的标签,也就是对于原图上每个像素点,都会有一个对应类别的标签,这时就需要利用标注文件来生成分割用的标签图。本项目提供的标签转换程序为 ldw_draw.py。

```python
#! /usr/bin/env python
import json
import os
import shutil
import numpy as np
from tqdm import tqdm
import argparse
import cv2
def main(work_path):
    # 存放分割标签图
    roadmap_path=os.path.join(work_path,'roadmap')
    # 存放原图
    image_path=os.path.join(work_path,'image')
    # 存放标注信息
    json_path=os.path.join(work_path,'json')
    if not os.path.exists(roadmap_path):
        os.mkdir(roadmap_path)
    if not os.path.exists(image_path):
        os.mkdir(image_path)
    if not os.path.exists(json_path):
        os.mkdir(json_path)

    for file in tqdm(os.listdir(work_path)):
        image_from=os.path.join(work_path,file)
        image_to=os.path.join(image_path,file)
        if os.path.splitext(file)[1]==".png":
            json_from=os.path.join(work_path,os.path.splitext(file)[0]+'.json')
            json_to=os.path.join(json_path,os.path.splitext(file)[0]+'.json')
            img=cv2.imread(image_from,cv2.IMREAD_GRAYSCALE)
            img_h,img_w=img.shape
            # 背景用黑色表示,先用黑色填充全图
            area=np.array([[[0,0],[img_w,0],[img_w,img_h],[0,img_h]]],dtype=np.int32)
            cv2.fillPoly(img,area,0)
            # 若该图存在标注文件,则将标注信息读取后填充
```

```
            if os.path.exists(json_from):
                with open(json_from,'r') as f:
                    jsondata=json.load(f)
                    for shape in jsondata['shapes']:
                        points=shape['points']
                        # 读取标注信息中的多边形区域
                        area=np.array([[points]],dtype=np.int32)
                        label=shape['label']
                        # 车道线的区域用一种颜色填充,这里选择了 80
                        # 目前的 80 并不是实际的标签,而是为了方便查看分割标签图的样子。在实
际训练中,每一个颜色会被映射到一个标签上
                        if (label=='line'):
                            cv2.fillPoly(img,area,80)
                    shutil.move(json_from,json_to)
                roadmap_file=os.path.join(roadmap_path,file)
                cv2.imwrite(roadmap_file,img)
                shutil.move(image_from,image_to)
if __name__=='__main__':
    parser=argparse.ArgumentParser()
    parser.add_argument('--Path',help='Image Path')
    args=parser.parse_args()
    main(args.Path)
```

将对应脚本 ldw_draw.sh 中的 Path 参数配置成实际计算机上的标注图片的所在目录,执行脚本,转换后的目录结构如图 7-6 所示。image 文件夹中存放原图,json 文件夹中存放标注文件,roadmap 文件夹中存放分割标签图。

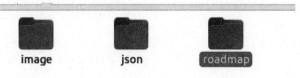

图 7-6　转换后的目录结构

图片转换前后对比如图 7-7 所示。

7.3.3　数据集制作

在 project 下的"数据集"文件夹中放置数据集,在"数据集"下再建一层子文件夹,用于数据集分类。这里就以 type1、type2 为例,将转化完成后的素材文件夹放入子文件夹中。对于本项目提供的例程,需要将"数据集"文件夹中的 data 文件夹放入"训练代码"文件夹内 make_dataset.py 所在目录下,或者读者可以修改 make_dataset.py 的相关路径。数据集制作代码如下:

a) 转换前 b) 转换后

图7-7 图片转换前后对比

```python
#! /usr/bin/env python
#-*-coding: utf-8-*-

import os
import shutil
import random
import argparse
import cv2
from tqdm import tqdm
random.seed(0)


# 车道线检测项目只推理图片的下半部分,若网络模型输入不再调整,可以在做数据集时就把宽、高定下来
def process_img(src_val_path,dst_train_path,re_w,re_h):
    img=cv2.imread(src_val_path)
    h,w=img.shape[0],img.shape[1]
    img=img[h//2 : h,:]
    img=cv2.resize(img,(re_w,re_h))
    cv2.imwrite(dst_train_path,img)


def Make_val(img_path,label_path,train_ldw_path,train_labels_ldw_path,val_ldw_
path,val_labels_ldw_path,test_ldw_path,test_labels_ldw_path,w,h):
    trainval_percent=0.8
    train_percent=0.8
    total_xml=os.listdir(label_path)
    print(label_path)
    num=len(total_xml)
```

```python
    list=range(num)
    #随机比例数据
    num_trainval=int(num*trainval_percent)
    num_train=int(num_trainval*train_percent)
    trainval=random.sample(list,num_trainval)
    train=random.sample(trainval,num_train)
    for i in tqdm(list):
        name=total_xml[i].split('/')[-1]
        if i in trainval:
            if i in train:
                src_train_path=img_path+'/'+name
                dst_train_path=train_ldw_path+'/'+name
                src_train_label_path=label_path+'/'+name
                dst_train_label_path=train_labels_ldw_path+'/'+name
                process_img(src_train_path,dst_train_path,w,h)
                process_img(src_train_label_path,dst_train_label_path,w,h)
            else:
                src_val_path=img_path+'/'+name
                dst_val_path=val_ldw_path+'/'+ name
                src_val_label_path=label_path+'/'+name
                dst_val_label_path=val_labels_ldw_path+'/'+name
                process_img(src_val_path,dst_val_path,w,h)
                process_img(src_val_label_path,dst_val_label_path,w,h)
        else:
            src_test_path=img_path+'/'+ name
            dst_test_path=test_ldw_path+'/'+name
            src_test_label_path=label_path+'/'+name
            dst_test_label_path=test_labels_ldw_path+'/'+ name
            process_img(src_test_path,dst_test_path,w,h)
            process_img(src_test_label_path,dst_test_label_path,w,h)
    return 0

def createclassdic(ldw_path):
    #创建类型对应的RGB值
    target=open('%s/class_dict.csv'%(ldw_path),'w')
    target.write("name,r,g,b\n")
    target.write("background,0,0,0\n")
    target.write("line,80,80,80\n")
    target.close()

    return 0
```

```python
if __name__=="__main__":
    parser=argparse.ArgumentParser()
    parser.add_argument('--dataset',type=str,default='type1',help='dataset path')
    parser.add_argument('--input_height',type=int,default=128,help='Height of input image to network')
    parser.add_argument('--input_width',type=int,default=256,help='Width of input image to network')
    args=parser.parse_args()

    # _labels 为灰度图
    ldw_path="./ldw_dataset_"+args.dataset
    train_ldw_path=ldw_path+'/train/hq'
    train_labels_ldw_path=ldw_path+'/train_labels/hq'
    val_ldw_path=ldw_path+'/val/hq'
    val_labels_ldw_path=ldw_path+'/val_labels/hq'
    test_ldw_path=ldw_path+'/test/hq'
    test_labels_ldw_path=ldw_path+'/test_labels/hq'

    for dir in [ldw_path,train_ldw_path,train_labels_ldw_path,val_ldw_path,val_labels_ldw_path,test_ldw_path,test_labels_ldw_path]:
        if not os.path.exists(dir): os.makedirs(dir)
    src_dataset=os.path.join("data",args.dataset)
    done_dataset=os.path.join("data","done",args.dataset)
    if not os.path.exists(done_dataset):
        os.makedirs(done_dataset)
    work_ldw=os.listdir(src_dataset)
    for work_dir in work_ldw: # 标注完的数据集放入指定文件夹
        img_path=os.path.join(src_dataset,work_dir+'/image')
        label_path=os.path.join(src_dataset,work_dir+'/roadmap')
        if os.path.exists(img_path) and os.path.join(label_path):
            Make_val(img_path,label_path,train_ldw_path,train_labels_ldw_path,val_ldw_path,val_labels_ldw_path,test_ldw_path,test_labels_ldw_path,args.input_width,args.input_height)
            shutil.move(os.path.join(src_dataset,work_dir),os.path.join(done_dataset,work_dir))
    createclassdic(ldw_path)
```

将脚本 make_datase.sh 中的 dataset 参数配置成 data 下的子目录，样例数据集中有两个子目录 type1、type2，存有上一小节所转换的相关素材。input_height 和 input_width 参数根据实际情况配置，本项目中是 256 * 128。最后修改 make_datase.sh 中的 type1、type2 后分别执行。

数据集制作完成后的目录结构如图7-8所示，新增两个文件夹。

图7-8 数据集制作完成后的目录结构

其中新增文件夹的目录结构如图7-9所示，test文件夹存有测试集图片，test_labels文件夹存有测试机标签，train文件夹存有训练集图片，train_labels文件夹存有训练集标签，val文件夹存有验证集图片，val_labels文件夹存有验证集标签。

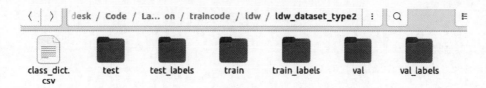

图7-9 新增文件夹的目录结构

同时，处理完的素材文件夹会被移动到data/done文件夹下，以防止未来多次制作数据集时重复操作。

7.3.4 网络模型搭建

在"训练代码"文件夹下的models文件夹中放置需要搭建的模型文件，这里就以上面提到的UNet为例。本项目提供的例程在models文件夹下有一个UNet.py程序，代码如下。

```python
import os,time,cv2
import tensorflow as tf
import tensorflow.contrib.slim as slim
import numpy as np

g_training=True

def DoubleConv(inputs,in_filters,out_filters):
    net=tf.layers.conv2d(inputs,out_filters,kernel_size=[3,3],use_bias=False,padding='SAME')
    net=slim.batch_norm(net,scale=True,fused=True,is_training=g_training)
    net=tf.nn.relu(net)
```

```python
    net=tf.layers.conv2d(net,out_filters,kernel_size=[3,3],use_bias=False,padding='SAME')
    net=slim.batch_norm(net,scale=True,fused=True,is_training=g_training)
    net=tf.nn.relu(net)
    return net

# UNet 左半部分
def Down(inputs,in_filters,out_filters):
    net=slim.pool(inputs,[2,2],stride=[2,2],pooling_type='MAX')
    net=DoubleConv(net,in_filters,out_filters)
    return net

# UNet 右半部分
def Up(inputs,x,in_filters,out_filters):
    net=tf.layers.conv2d_transpose(inputs,out_filters,kernel_size=[2,2],strides=(2,2),use_bias=False)
    # 跳层连接
    net=tf.concat([net,x],axis=-1)
    net=DoubleConv(net,in_filters,out_filters)
    return net

# 输出
def OutConv(inputs,in_filters,n_classes):
    net=tf.layers.conv2d(inputs,n_classes,kernel_size=[1,1],use_bias=False,padding='SAME')
    return net

def build_unet(inputs,num_classes,is_training):
    global g_training
    g_training=is_training
    x1=DoubleConv(inputs,3,64)
    x2=Down(x1,64,128)
    x3=Down(x2,128,256)
    x4=Down(x3,256,512)
    x5=Down(x4,512,1024)
    x=Up(x5,x4,1024,512)
    x=Up(x,x3,512,256)
    x=Up(x,x2,256,128)
    x=Up(x,x1,128,64)
    net=OutConv(x,64,num_classes)

    return net
```

在 traincode 目录下的 builders 文件夹中，本项目提供一个 model_builder.py 程序作为创建模型总的接口，用于不同类型模型的选择和搭建，代码如下。

```python
import sys,os
import tensorflow as tf
import subprocess

#存放模型的目录
sys.path.append("models")

#载入模型搭建函数
from models.UNet import build_unet

#自定义模型名称
SUPPORTED_MODELS=["UNet"]

#统一的模型搭建接口
def build_model(model_name,net_input,num_classes,is_training=False):

    print("Preparing the model ... ")
    if model_name not in SUPPORTED_MODELS:
        raise ValueError("The model you selected is not supported. The following models are currently supported: {0}".format(SUPPORTED_MODELS))

    network=None

    #根据模型名称调用对应的模型搭建函数
    if model_name=="UNet":
        network=build_unet(net_input,num_classes,is_training=is_training)
    else:
        raise ValueError("Error: the model %d is not available. Try checking which models are available using the command python main.py--help")

    return network
```

至此，数据集制作与网络模型搭建等前置工作已经完成，接下来将进入模型训练阶段。

7.3.5 模型训练

由于这部分代码量较大，这里只挑选重点部分讲解，具体可以参考本项目提供的 train.py、utils/utils.py、utils/helpers.py 等相关实例文件。

训练的代码由相关数据集的读取、训练参数设置、数据集增强、训练信息显示及保存和继续训练等相关部分构成。

在训练开始前,需要对训练进行一些相关参数的设置,其中一些参数的设置将会影响训练模型的效果。相关参数有以下 17 个。

① num_epochs:总训练轮数。

② epoch_start_i:开始轮数,配合继续训练使用,程序会自动加载 epoch_start_i-1 的权重。

③ validation_step:间隔多少轮验证一次模型。

④ continue_training:是否继续训练。

⑤ dataset:数据集,可配置列表。

⑥ imgprocess:载入图片操作,包括裁剪和缩放。

⑦ input_height:网络模型输入的高。

⑧ input_width:网络模型输入的宽。

⑨ batch_size:每个批次的图片数量。

⑩ num_val_images:每次验证取多少张验证集中的图片。

⑪ h_flip:数据集增强是否进行水平翻转。

⑫ v_flip:数据集增强是否进行垂直翻转。

⑬ brightness:数据集增强是否随机亮度。

⑭ color:数据集增强是否随机添加颜色。

⑮ rotation:数据集增强随机旋转角度。

⑯ model:训练的模型。

⑰ savedir:保存的路径。

数据集增强程序会根据用户传入的训练参数,在载入每个批次的图片时对图片进行随机数据集增强的操作,代码如下。

```
# 根据传入参数处理图片
def data_augmentation(input_image,output_image,imgprocess):
    if imgprocess=='crop':
        input_image,output_image=utils.random_crop(input_image,output_image,
args.input_height,args.input_width)
    elif imgprocess=='resize': # resize 会改变分割图的值,但车道线项目影响不大
        if args.input_height!=input_image.shape[0] or args.input_width!=input_image.shape[1]:
            input_image,output_image=utils.resize_img(input_image,output_image,
args.input_height,args.input_width)
    else:
        raise ValueError("The method you selected is not supported.only support resize and crop")

    # 水平翻转
    if args.h_flip and random.randint(0,1):
        input_image=cv2.flip(input_image,1)
```

```
        output_image=cv2.flip(output_image,1)
    #竖直反转
    if args.v_flip and random.randint(0,1):
        input_image=cv2.flip(input_image,0)
        output_image=cv2.flip(output_image,0)
    #随机亮度
    if args.brightness and random.randint(0,1):
        blank=np.zeros(input_image.shape,input_image.dtype)
        alpha=random.uniform(0.90,1.1)
        beta=random.randint(1,3)
        input_image=cv2.addWeighted(input_image,alpha,blank,1-alpha,beta)
    #随机颜色
    if args.color and random.randint(0,1):
        color=np.zeros(input_image.shape,input_image.dtype)
        color[:,:,0]=random.randint(10,50)
        color[:,:,1]=random.randint(10,50)
        color[:,:,2]=random.randint(10,50)
        input_image=cv2.addWeighted(input_image,1.1,color,0.1,0)
    #旋转
    if args.rotation:
        angle=random.uniform(-1*args.rotation,args.rotation)
    if args.rotation:
        M = cv2.getRotationMatrix2D((input_image.shape[1]//2,input_image.shape[0]//2),angle,1.0)
        input_image=cv2.warpAffine(input_image,M,(input_image.shape[1],input_image.shape[0]),flags=cv2.INTER_NEAREST)
        output_image = cv2.warpAffine(output_image,M,(output_image.shape[1],output_image.shape[0]),flags=cv2.INTER_NEAREST)

    return input_image,output_image
```

损失函数，也称为目标函数或代价函数，是深度学习模型中的一个关键组成部分。损失函数用于度量模型的预测输出与真实标签之间的差异或错误程度，通过最小化该差异优化模型的参数。本项目的损失函数部分采用的是 focal_loss，其主要侧重于根据样本的难易程度给样本对应的损失增加权重，代码如下：

```
def focal_loss(prediction_tensor,target_tensor,weights=None,alpha=0.25,gamma=2):
    sigmoid_p=tf.nn.sigmoid(prediction_tensor)
    #创建一个将所有元素设置为0的张量
    zeros=array_ops.zeros_like(sigmoid_p,dtype=sigmoid_p.dtype)
    #正样本损失(车道线)
    pos_p_sub=array_ops.where(target_tensor>zeros,target_tensor-sigmoid_p,zeros)
```

```
# 负样本损失(背景)
neg_p_sub=array_ops.where(target_tensor>zeros,zeros,sigmoid_p)
#-ylog(p^)-(1-y)log(1-p^)
per_entry_cross_ent=-alpha * (pos_p_sub ** gamma) * tf.log(tf.clip_by_value
(sigmoid_p,1e-8,1.0))-(1-alpha) * (neg_p_sub ** gamma) * tf.log(tf.clip_by_value
(1.0-sigmoid_p,1e-8,1.0))
return tf.reduce_mean(per_entry_cross_ent)
```

载入每个批次的图片，语义分割的标签是一张图，所以在送入网络模型之前要对 RGB 对应的标签做一次转化，再进行 One-Hot 编码，代码如下。

```
def one_hot_it(label,label_values):
    semantic_map=[]
    # label_values 从 csv 文件中载入
    for colour in label_values:
        equality=np.equal(label,colour)
        class_map=np.all(equality,axis=-1)
        semantic_map.append(class_map)
    semantic_map=np.stack(semantic_map,axis=-1)
    return semantic_map
```

评估指标部分，输出了整体分数、各类别分数、精确率、召回率、F1 和 IoU，代码如下。

```
def evaluate_segmentation(pred,label,num_classes,score_averaging="weighted"):
    flat_pred=pred.flatten()
    flat_label=label.flatten()

    # 计算整体分数
    global_accuracy=compute_global_accuracy(flat_pred,flat_label)
    # 计算各类别分数
    class_accuracies=compute_class_accuracies(flat_pred,flat_label,num_classes)
    # 计算精确率
    prec=precision_score(flat_pred,flat_label,average=score_averaging)
    # 计算召回率
    rec=recall_score(flat_pred,flat_label,average=score_averaging)
    # 计算 F1
    f1=f1_score(flat_pred,flat_label,average=score_averaging)
    # 计算 IoU
    iou=compute_mean_iou(flat_pred,flat_label)

    return global_accuracy,class_accuracies,prec,rec,f1,iou
```

执行文件夹内的 train.sh 脚本后进行训练，部分训练过程如图 7-10 所示。

```
***** Begin training *****
Dataset --> ldw_dataset_type1,ldw_dataset_type2
Model --> UNet
Input Height --> 128
Input Width --> 256
Num Epochs --> 100
Batch Size --> 4
Num Classes --> 2
Data Augmentation:
        Vertical Flip --> False
        Horizontal Flip --> True
        Brightness Alteration --> True
        Color Alteration --> True
        Rotation --> 10

227 range(0, 227)
2023-07-08 23:38:07.547903 Epoch = 1 Count = 40 Current_Loss = 0.0137 Time = 23.11
2023-07-08 23:38:31.356700 Epoch = 1 Count = 80 Current_Loss = 0.0025 Time = 23.81
2023-07-08 23:38:54.848407 Epoch = 1 Count = 120 Current_Loss = 0.0188 Time = 23.49
2023-07-08 23:39:18.595089 Epoch = 1 Count = 160 Current_Loss = 0.0598 Time = 23.75
2023-07-08 23:39:42.596978 Epoch = 1 Count = 200 Current_Loss = 0.0000 Time = 24.00
2023-07-08 23:40:06.309476 Epoch = 1 Count = 240 Current_Loss = 0.0396 Time = 23.71
```

图 7-10　部分训练过程

训练结束后将多出一个如图 7-11 所示的文件夹。

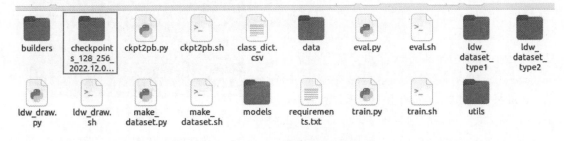

图 7-11　训练后的目录结构

这个文件夹包含了一些训练过程中的保存信息，如图 7-12 所示。

其中每个文件夹内保存了对应迭代次数的训练信息，训练是以 ckpt 的形式保存模型的，包含以下三个文件：

1）mate 文件保存了当前图结构。

2）data 文件保存了当前参数名和值。

3）index 文件保存了辅助索引信息。

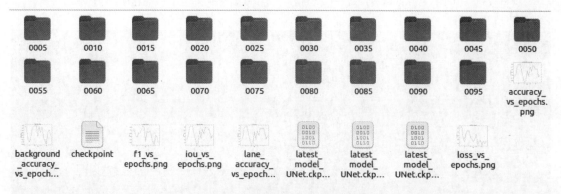

图 7-12 一些训练过程中的保存信息

这里需要把 ckpt 形式固化成 pb 模型文件,真正部署时,一般不会提供 ckpt 形式的模型,程序见 ckpt2pb.py。保存节点文件夹如图 7-13 所示,其中 frozen_graph.pb 文件就是后续模型转换所需要的模型保存文件。

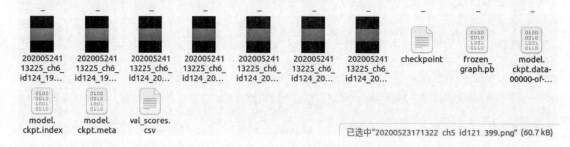

图 7-13 保存节点文件夹

在评估阶段会用到数据集中的 test 部分,由于目录结构类似,所以这一部分的代码其实就是将 train 中的验证部分给单独提取出来,用训练过程中保存的 pb 文件进行推理,代码详见 eval.py,运行脚本后会从 train 目录的 checkpoint 文件中找到 model_checkpoint_path 权重进行评估。run_once 参数的作用在于是否定时对权重进行评估,eval 操作可以和 train 同时进行,因为 train 会定期保存权重,对应的 checkpoint 中 model_checkpoint_path 权重随之变化,所以可以实时对权重进行评估,评估结果如图 7-14 所示。

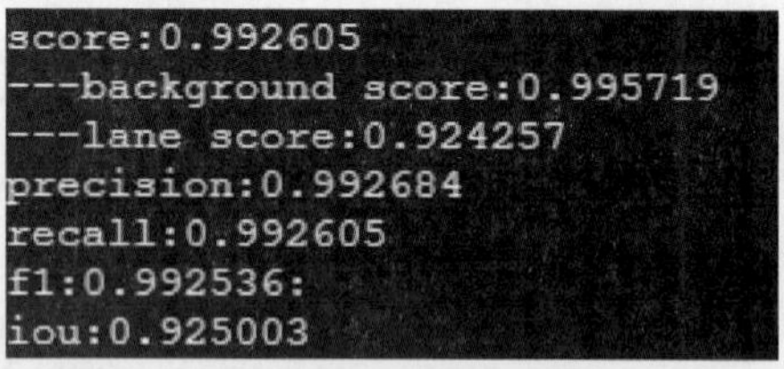

图 7-14 评估结果

7.3.6 小结

车道线检测项目从数据集制作、模型搭建、数据集增强、损失函数定义、模型训练和评估推理等方面,完整地演示了 TensorFlow 的基本用法。使用 TensorFlow 目标检测 API 训练本项目的模型,受益于 TensorFlow 的完善,在整个训练过程中,其实不会接触到大量的代码,但又可以在配置中找到那些关键的算法调整参数。通过本项目,读者能够对语义分割这一典型的计算机视觉问题有初步的认识。

7.4 模型量化

7.4.1 RKNN量化

上面的所有步骤完成后，其实如果项目是用在个人计算机端的，那么这个模型已经可以落地了，但是本章的最终目标是将它在AIBox中运行，所以针对AIBox的环境，需要对模型文件进行量化。模型量化所需要用到的RKNN-Toolkit的容器环境搭建详见前面章节。本书提供的此部分代码在"权重转换与量化"文件夹下，如图7-15所示。这部分的作用是将模型转化成RK1808芯片可用的类型，从而实现后续的部署。

图7-15 "权重转换与量化"文件夹

其中ldw.py是将pb文件转换为RKNN文件的程序；resize_ldw.py是调整素材的程序；test.py是用于生成后RKNN模型推理的程序；ret.png是执行推理后的结果，它表示所转化的RKNN模型文件可以实现车道线检测，并能看出其检测效果。

其中有一个注意点，就是图片输入的顺序。车道线检测的模型中用于输入网络模型训练的图片其通道次序为BGR（蓝、绿、红），按照训练和部署需要统一的标准，部署在AIBox上送入网络模型推理的图片通道次序也应该是BGR。在RKNN量化过程中，程序会读取一个列表中的图片送入网络模型量化，内部读取图片的方式是按照RGB来的，与OpenCV相反。所以如果要用BGR图片进行量化，在准备用OpenCV打开数据集时，就要进行一步BGR2RGB（BGR转RGB）操作。虽然参数上是由BGR到RGB的转化，但本质上是通道变更，在OpenCV将图片按照RGB格式保存后，其他默认以RGB格式载入图片的包加载图片实际得到的就是BGR图片。

首先准备好一批素材用于量化，素材需要尽可能覆盖所有可能出现的场景，将它们的尺寸调整为网络模型输入的大小，并生成文件列表，代码如下。

```
import numpy as np
import cv2
import os

img_w=256
img_h=128
```

```
img_flod="images_ldw"

def main():
    img_path="./%s"%(img_flod)
    out_path="./%s_bgr_%d_%d"%(img_flod,img_w,img_h)
    if not os.path.exists(out_path):
        os.mkdir(out_path)
    txt_file=open("./%s_bgr_%d_%d.txt"%(img_flod,img_w,img_h),"w")
    for img_file in os.listdir(img_path):
        img=cv2.imread(os.path.join(img_path,img_file))
        out_file=os.path.join(out_path,img_file)
        txt_file.write(out_file+"\n")
        img=cv2.resize(img,(img_w,img_h))
        #调换通道顺序
        img=cv2.cvtColor(img,cv2.COLOR_BGR2RGB)
        print("outfile",out_file)
        cv2.imwrite(out_file,img)

    txt_file.close()

if __name__=='__main__':
    main()
```

然后运行 ldw.py 程序将 pb 模型转换为 RKNN 模型，代码如下。

```
import numpy as np
import cv2
import os
import sys
from rknn.api import RKNN

if __name__=='__main__':
    target_platform_str='rk1808'
    model_path="frozen_graph.pb"
    output="model.rknn"
    img_w=256
    img_h=128
    rknn=RKNN(verbose=True,verbose_file="./model.log")

    print('--> config model')
    rknn.config(channel_mean_value='0 0 0 255',reorder_channel='0 1 2',target_platform=target_platform_str)
```

```
    print('done')

    print('--> Loading model')
    ret=rknn.load_tensorflow(tf_pb=model_path,
        inputs=['Placeholder'],
        outputs=['logits'],
        input_size_list=[[img_h,img_w,3]])

    if ret !=0:
        print('Load ldw failed! Ret={}'.format(ret))
        exit(ret)
    print('done')

    print('--> Building model')
    ret=rknn.build(do_quantization=True,dataset='./images_ldw_bgr_%s_%s.txt'%
(img_w,img_h),pre_compile=False)
    if ret !=0:
        print('Build ldw failed! ')
        exit(ret)
    print('done')

    print('--> Export RKNN model')
    ret=rknn.export_rknn(output)
    if ret !=0:
        print('Export %s failed! '%(output))
        exit(ret)
    print('done')

    rknn.release()
```

模型量化重点要讲的是推理部分，在个人计算机上推理出正确的结果，那么在部署时只需要把对应的 Python 代码翻译成 C++代码即可。个人计算机的推理代码在 test.py 文件中，核心代码片段如下。

```
print('--> Running model')
    outputs=rknn.inference(inputs=[img])

    print('done')
    nout=len(outputs)

    for i in range(np.array(outputs).shape[2]):
        l1=outputs[0][0][i][0]
```

```
            l2=outputs[0][0][i][1]
            if l1>l2:
                # 这里可以参考训练项目中的输出节点来理解
                # logit = tf.reshape (network, (-1, args.input_height * args.input_width, num_classes),name='logits')
                # 若通道0的数值大,则该像素点推理为背景,填充0,黑色
                # 若通道1的数值大,则该像素点推理为车道线,填充255,白色
                img[i//img_w][i % img_w][0]=0
                img[i//img_w][i % img_w][1]=0
                img[i//img_w][i % img_w][2]=0
            else:
                img[i//img_w][i % img_w][0]=255
                img[i//img_w][i % img_w][1]=255
                img[i//img_w][i % img_w][2]=255

    cv2.imwrite("ret.png",img)
```

推理后的输出有4个维度,第一个维度是RKNN中输出节点,当前项目只有一个输出,所以这一维度是1;第二个维度是图片的张数,其实也就是参数batch_size,这里也是1,前两个维度在本项目中没有作用;第三个维度是在训练时将图片的宽、高两个维度给转化成了一维,还是可以按照高×宽的排布来解析;第四个维度是通道,这里是对应像素点上通道0的值和通道1的值,其实也就是对应类别的分数。在解析的过程中,只需要取分数大的通道作为当前像素点上的推理结果即可。如图7-16和图7-17分别为推理过程和推理结果。

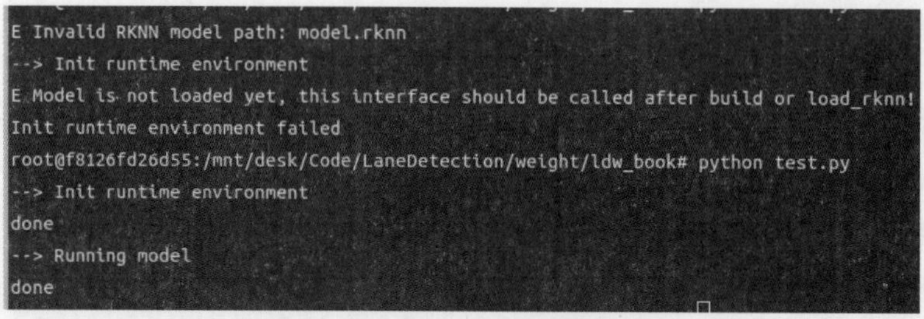

图 7-16 推理过程

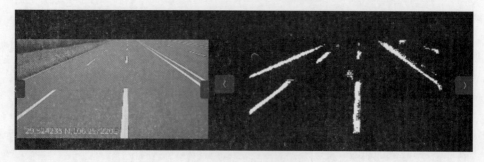

图 7-17 推理结果

至此，经过素材采集与标注、标签转化、数据集制作、网络模型搭建、模型训练以及模型量化几个步骤，成功得到可以部署到 RK1808 芯片上的模型。

7.4.2 小结

通过上述模型量化过程可以看到，量化是整个过程中必不可少的一环。在这个阶段需要关心的只是送入网络模型的图片和网络模型输出的数据解析。为了让模型在项目部署与落地上有最佳的表现，训练、量化和部署这三个阶段所有的素材和网络模型的输入、输出都必须有统一标准。

7.5 项目部署

经过上述几个环节得到 RKNN 文件后，我们就能将模型移植进 RK1808 芯片的嵌入式板子中了，这部分就是嵌入式开发的工作。通过 AIBox 的摄像头得到输入图像，经过前面得到的模型实现车道线检测，将其绘制输出到显示屏上。其逻辑和推理过程类似。此部分代码例程在"部署代码"文件夹下，"部署代码"文件夹如图 7-18 所示。

图 7-18 "部署代码"文件夹

其中 build 文件夹用于 CMake 与 Make 生成文件的存放，build_emv.cmake 用于编译环境配置，供 CMakeLists 调用，CMakeLists.txt 用于生成 Makefile，各源码模块中也有对应文件，逐级调用。sdk_rk1808 文件夹用于保存相关的 SDK。src 是源码文件夹，如图 7-19 所示。在 /.src/stest/assets/rk1808 路径下存放 RKNN 模型文件，在 ./src/test 路径下存放测试程序。

```
src
├── CMakeLists.txt
├── stest
│   ├── assest
│   │   ├── rk1808
│   │   └── stest_proc.ini
│   ├── CMakeLists.txt
│   ├── semantic_segmentation.cpp
│   ├── semantic_segmentation.h
│   ├── stest_proc.cpp
│   └── stest_proc.h
└── test
    ├── CMakeLists.txt
    ├── main.cpp
    └── test_draw.hpp
```

图 7-19 src 源码文件夹

7.5.1 源码解析

本小节仅对关键函数进行解析,其他函数可见源码的注释。

1) 主模块对 RGA 进行初始化,代码如下。

```cpp
bool TStestProcImpl::InitRgaPrev()
{
    bool ret=false;

    ac::rga::SrcConfig src;
    ac::rga::DstConfig dst;
    auto rk_format=Convert2RkFormat(origin_header_.format);

    if (rk_format>=0)
    {
        /// 原始图片信息
        src.width  =origin_header_.width;
        src.height =origin_header_.height;
        src.format =ac::rga::RkFormat(rk_format);

        /// 需要转换的部分,这里是图片下半部分
        src.x=0;
        src.y=0;
        src.y=src.height/2;
        src.h=src.height/2;

        /// 目标图片信息
        dst.width  =inference_width_;
        dst.height =inference_height_;
        dst.format =ac::rga::RkFormat::BGR_888;

        delete rga_prev_;
        rga_prev_=new PrevRgaCircle(src,dst);

        ret=true;
    }

    return ret;
}
```

车道线检测需要推理的仅仅是图片的下半部分,在程序中 RGA 初始化的部分要和训练时的数据集处理步骤对应起来,先裁剪下半部分,再缩放到网络模型输入的大小。

2) 子线程循环推理,代码如下。

```cpp
void TStestProcImpl::Run()
{
    cv::Mat src_img;
    cv::Mat dst_img;
    ac::Image result;
    bool first=true;
    result.header.format=ac::kRGB888;
    while(true)
    {
        /// 这一行代码可能阻塞
        const auto &pairs=buffer_->Read();
        
        const auto &img=std::get<0>(pairs);
        const auto &callback=std::get<1>(pairs);
        
        if (img.data==nullptr and callback.sender==nullptr and callback.method==nullptr)
            break;
        if (first)
        {
            result.header.width=inference_width_;
            result.header.height=inference_height_;
            first=false;
        }
        void * ptr=img.data;
        if (ptr !=nullptr)
        {
            if (callback.method !=nullptr)
            {
                src_img= cv::Mat (inference_height_, inference_width_, CV_8UC3, img.data);
                detector_->Detect(img,&dst_img);
                cv::Mat result_mat(inference_height_,inference_width_,CV_8UC3);
                
                // 按照训练的标记上色
                for (int i=0;i < dst_img.rows;i++)
                {
                    for (int j=0;j < dst_img.cols;j++)
                    {
                        if (dst_img.at<uchar>(i,j)==255)
                        {
                            result_mat.at<cv::Vec3b>(i,j)[0]=80;
```

```cpp
                    result_mat.at<cv::Vec3b>(i,j)[1]=80;
                    result_mat.at<cv::Vec3b>(i,j)[2]=80;
                }
                else
                {
                    result_mat.at<cv::Vec3b>(i,j)[0]=0;
                    result_mat.at<cv::Vec3b>(i,j)[1]=0;
                    result_mat.at<cv::Vec3b>(i,j)[2]=0;
                }
            }
        }
        result.data=result_mat.data;
        (callback.sender->*callback.method)(result);
        // 调试用图,将推理绘制的分割图和实际画面叠加
        if (verbose_enable_==true)
        {
            cv::Mat temp_img;
            cv::merge(std::vector<cv::Mat>{dst_img,dst_img,dst_img},temp_img);
            cv::addWeighted(src_img,0.2,temp_img,0.7,3,temp_img);
            cvtColor(temp_img,temp_img,CV_BGR2RGB);
            std::lock_guard<std::mutex> lck(mutex_);
            std::memcpy(verbose_image_.data,temp_img.data,inference_height_*inference_width_*3);
        }
        total_frame_++;
    }
    else
        ;
    }
    else
        ;
}
```

因为本项目仅介绍到模型推理的部分,单纯从语义分割的结果上来看,这部分代码到这一步回调给外部的就是一张与标签图类似的图片。实际车道线检测项目中会在推理结果的基础上做进一步后处理,然后依据上层应用的需求返回车道线。

3) 推理模块将网络模型输出转换为像素点类别,代码如下。

```cpp
void TSemanticSegmentation::Impl::Vec2Bin(const std::vector<uint8_t> &mat,cv::Mat*bin,int width,int height)
{
```

```
    if (bin !=nullptr)
    {
        const uint8_t table[]={0,255};
        bin->create(height,width,CV_8UC1);
        const float *p=reinterpret_cast<const float *>(mat.data());

        // 遍历要绘制的像素点
        for (int i=0;i < bin->rows;i++)
        {
            for (int j=0;j < bin->cols;j++)
            {
                // 在输出数据中以此判断每个像素点对应的值
                // TensorFlow 默认是 NHWC,在量化后该属性也可以在 RKNN 的结构体中得到
                if (input_info_[0].fmt==ac::rknn::TensorFormat::nhwc)
                {
                    bin->at<uchar>(i,j)=table[*(p+1)-*p>=0];
                    p+=2;
                }
                // 这部分代码是为了和 PyTorch 的语义分割做兼容
                else if (input_info_[0].fmt==ac::rknn::TensorFormat::nchw)
                {
                    bin->at<uchar>(i,j)=table[*(p+bin->rows*bin->cols)-*p>=0];
                    p+=1;
                }
            }
        }
    }
}
```

这部分代码就是个人计算机上测试代码的翻译,函数中做了 NHWC 和 NCHW 的兼容。NHWC 和 NCHW 是在深度学习中常用的两种数据存储格式,用于表示输入数据的维度顺序,其中,N 表示批量数据的数量,H 表示高度,W 表示宽度,C 表示通道数。在 NHWC 格式中,数据的维度顺序为批量数据的数量—高度—宽度—通道数,常用于 TensorFlow 等框架;在 NCHW 格式中,数据的维度顺序为批量数据的数量—通道数—高度—宽度,常用于 PyTorch 等框架。这一部分信息 RKNN 在量化时已经写入模型中。

7.5.2 部署工程

使用本书提供的例程,进入"部署代码"文件夹的 build 文件夹中,执行如下 cmake 命令。

```
cmake-DTARGET_SDK=../sdk_rk1808 ..
```

当看到如下输出时，表明执行成功。

```
--Configuring done
--Generating done
```

执行编译，代码如下。

```
make install
```

若没有报错并且输出了一连串"--Installing："信息，则表示执行成功。

至此在 build 文件夹下会生成一个 install 目录，结构如图 7-20 所示。其中 assets 文件夹中是模型文件，是从 src/otest/assets 中复制过来的；include 文件夹中是主模块库头文件，是从 src/otest 中复制过来的；lib 文件夹中是主模块库文件和相关联的一些库；test_test 文件夹中是生成的可执行文件。

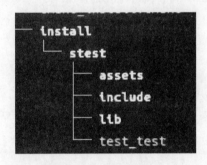

图 7-20　install 目录结构

进入到 install 文件夹下，将程序推入 AIBox，代码如下。

```
adb push otest/home
```

如果是通过网线连接，也可以直接拖拽进 AIBox。

进入 AIBox 中刚才推送程序的路径，这里是/home/otest，对可执行程序赋权限后执行。

```
chmod 755 test_test
./test_test
```

程序开始运行，并输出如图 7-21 所示的处理信息，包括单帧推理时间、推理帧率和视频流帧率。

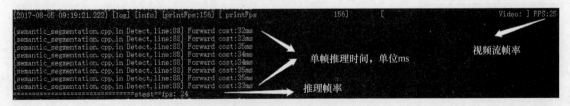

图 7-21　输出处理信息

终端识别结果如图 7-22 和图 7-23 所示。

图 7-22　终端识别结果一

图 7-23　终端识别结果二

7.5.3　小结

至此，车道线检测推理部分的部署完成，这是一个完整车道线检测算法的基础，有了画面中车道线对应的像素点才能进一步拟合出实际用到的车道线。一个优秀的车道线检测算法，除了搭建一个合适的网络，还要有一套严谨的后处理算法，这一部分不在本书的讨论范围之内，读者可以自行探索发挥。

7.6 课后习题

1) 什么是车道线检测?
2) 车道线检测有哪些方法?
3) 什么是数据集增强?
4) 车道线检测有哪些挑战?
5) 如何克服这些挑战?

程序代码

第8章 人脸检测项目

PPT课件

本章介绍的是人脸检测项目,顾名思义,就是通过目标检测方法获取图像中的人脸。本项目包括同时获取人脸的五个关键点,包括两只眼睛、一个鼻子和两个嘴角。单纯的人脸检测是人脸关键点检测的前提,但由于本项目同时检测人脸和关键点,因此不需要再单独实现人脸关键点检测功能,这能大大提升程序的整体运行速度。人脸检测的主要应用场景有人脸打卡考勤、刷脸闸机通行、门禁、人脸特效美颜和视频图像换脸等。

人脸检测项目流程图如图 8-1 所示,后续将详细介绍流程中的每一节点。

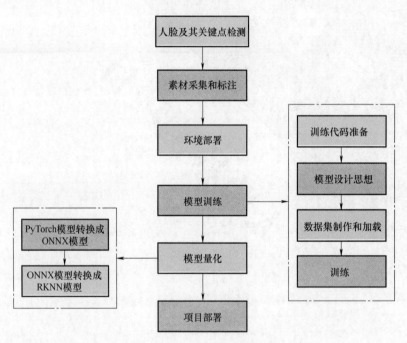

图 8-1 人脸检测项目流程图

8.1 素材采集与标注

8.1.1 素材采集

本项目的素材来源主要有以下两个。

(1)公开数据集 本项目使用 Wider Face 数据集,根据官网的介绍,Wider Face 数据集最早是在 2015 年公开的(v1.0 版本)。本项目从 Wider Face 数据集挑选出 32203 张图片并进行了人脸标注,总共标注了 393703 个人脸数据,并且每张人脸都附带有更加详细的信息,包括表情(Expression)、光照(Illumination)、遮挡(Occlusion)和姿态(Pose)等,如图 8-2 所示。

数据集文件结构如下,包含人脸检测数据集和人脸关键点数据集,分别存放于 WIDER_FACE_rect 和 WIDER_FACE_landmark 文件夹。

第8章 人脸检测项目

图 8-2 Wider Face 数据集的图片

```
# 人脸检测数据集
├── WIDER_FACE_landmark
│   ├── annotations
│   │   ├── 0--Parade
│   │   │   ├── 0_Parade_marchingband_1_849.xml
│   ├── images
│   │   ├── 0--Parade
│   │   │   ├── 0_Parade_marchingband_1_849.jpg
# 人脸关键点数据集
├── WIDER_FACE_rect
│   ├── annotations
│   │   ├── 0--Parade
│   │   │   ├── 0_Parade_marchingband_1_849.xml
│   ├── images
│   │   ├── 0--Parade
│   │   │   ├── 0_Parade_marchingband_1_849.jpg
```

WIDER_FACE_rect 文件夹包含 61 类人脸，共 12880 张 jpg 格式的图片和 xml 格式的标签，分别存放于当前目录下的 images 和 annotations 文件夹中，xml 标签文件包含了图片所有人脸的坐标。xml 标签文件的内容如下。

```
<? xml version="1.0" ? >
<annotation>
    # 标签对应的图片名称
    <filename>1501925967889.jpg</filename>
    # 图片大小，包括宽、高和通道数
    <size>
        <width>640</width>
        <height>480</height>
```

```
            <depth>3</depth>
        </size>
        # 人脸目标
        <object>
            <name>face</name>
            <truncated>1</truncated>
            <difficult>0</difficult>
            # 人脸框左上角和右下角坐标
            <bndbox>
                <xmin>317</xmin>
                <ymin>0</ymin>
                <xmax>534</xmax>
                <ymax>200</ymax>
            </bndbox>
            # 无人脸关键点
            <has_lm>0</has_lm>
        </object>
</annotation>
```

WIDER_FACE_landmark 文件夹包含了同样类别的人脸，共 12596 张图片和对应标签，同样分别存放于当前目录下的 images 和 annotations 文件夹中，xml 标签文件包含了图片所有人脸关键点的坐标。与 WIDER_FACE_rect 中相同人脸图片对应的人脸关键点标签文件内容如下。

```
<? xml version="1.0" ? >
<annotation>
    # 标签文件对应的图片，与人脸标签图片名称相同，不同是标签包含的信息有区别
    <filename>1501925967889.jpg</filename>
    # 图片大小，包括宽、高和通道数
    <size>
        <width>640</width>
        <height>480</height>
        <depth>3</depth>
    </size>
    # 人脸目标
    <object>
        <name>face</name>
        <truncated>1</truncated>
        <difficult>0</difficult>
        # 人脸框左上角和右下角坐标
        <bndbox>
            <xmin>317</xmin>
```

```xml
            <ymin>0</ymin>
            <xmax>534</xmax>
            <ymax>200</ymax>
        </bndbox>
        # 人脸框对应的人脸关键点坐标,包括两只眼睛、鼻子和两嘴角坐标
        <lm>
            <x1>389.362</x1>
            <y1>38.352</y1>
            <x2>478.723</x2>
            <y2>36.879</y2>
            <x3>451.773</x3>
            <y3>85.816</y3>
            <x4>405.674</x4>
            <y4>137.589</y4>
            <x5>482.27</x5>
            <y5>133.333</y5>
        </lm>
        # 有人脸关键点
        <has_lm>1</has_lm>
    </object>
</annotation>
```

（2）自主采集　由于不同摄像头采集的图像其特征存在差异,因此利用公开数据集训练得到的模型有时候不一定能在摄像头获取的图像上推理成功,这时就需要使用摄像头采集的数据集进行训练,以减少训练图像和推理图像特征之间存在的差异,从而提升图像推理成功率。

自主采集首先需确定摄像头类型,然后利用3.2.4节介绍的方式进行素材采集,此处不再赘述。通过自主采集获得数据集之后,需要将数据集按 Wider Face 数据集结构形式存放,有利于后续的数据集制作和加载。

8.1.2　素材标注

公开数据集已包含训练所需的人脸框和关键点标签信息,因此无须再对其进行标注,现主要针对自主采集的素材进行标注。

首先,根据项目的具体任务选择合适的标注软件。本项目的任务是对图像中的人脸及其五个关键点进行检测,也就是说标注素材时既需要标注人脸框,也需要标注人脸关键点,本项目选择 LabelImg 和 Sloth 标注软件分别对人脸和关键点进行标注。

其次,标注之前,需要明确本项目的图像标注要求。可结合项目的具体需求对自主采集的素材进行标注,标注要求如下:

1) 标注人脸框时,人脸框需包含整个人脸轮廓,不包含耳朵和额头往上的头发部分; 标注人脸关键点时,关键点应在眼睛开合处的中心、鼻尖和嘴角,如图 8-3a 所示。

2) 当人脸是侧脸,且看不见该人脸的眼睛、鼻子和嘴巴时,不标注人脸框及其关键点,

如图 8-3b 所示。

3）当人脸被遮挡，且看不见该人脸的眼睛、鼻子和嘴巴，或者遮挡超过一半时，不标注人脸框及其关键点，如图 8-3c 所示。

4）因图像较为模糊、曝光较强或光线较暗导致人脸特征不清晰时，不标注人脸及其关键点，如图 8-3d 所示。

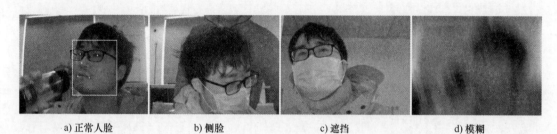

a) 正常人脸　　　　b) 侧脸　　　　c) 遮挡　　　　d) 模糊

图 8-3　标注要求

了解人脸的标注要求之后，使用 Sloth 标注软件对采集的图像进行标注。Sloth 的安装和标注在 4.2.1 节已经介绍过，此处不再赘述。

8.2　环境搭建

本项目采用的深度学习框架是 PyTorch，版本为 2.0.1。假设已安装 PyTorch 2.0.1 虚拟环境，还需安装的 Python 依赖包及其版本见表 8-1。

表 8-1　依赖包及其版本

依赖包	版本
Albumentations	1.0.3
Matplotlib	3.3.4
Numpy	1.19.2
ONNX	1.9.0
ONNX-Simplifier	0.3.6
ONNX Optimizer	0.2.6
ONNX Runtime	1.8.0
OpenCV-Python	3.2.0.7
OpenCV-Python-Headless	4.5.3.56
Pillow	8.2.0
ProtoBuf	3.17.2
Scikit-Image	0.17.2
Scipy	1.5.4
Tqdm	4.62.2

建议将上述依赖包写入 requirements.txt 文件中，然后使用"pip install-r requirements.txt"命令自动安装。如果此方法安装较慢，也可使用 pip 命令单独进行安装，命令最后加上国内源，即可加快安装速度代码如下。

```
pip install albumentations=1.0.3-i http://mirrors.tuna.tsinghua.edu.cn/ubuntu/
```

8.3 模型训练

8.3.1 训练代码准备

从 https://github.com/ShiqiYu/libfacedetection.train.git 下载训练代码，代码目录如下，包含两部分，一部分是数据集制作、IoU 损失计算、NMS、预选框生成等模块，一部分是网络定义、训练、测试和 ONNX 模型转换等相关脚本。

```
├── src
│   ├── data.py
│   ├── eiou.py
│   ├── multibox_loss.py
│   ├── nms.py
│   ├── prior_box.py
│   ├── timer.py
│   └── utils.py
└── tasks
    └── task1
        ├── config.py
        ├── datasets.py
        ├── detect.py
        ├── exportcpp.py
        ├── exportonnx.py
        ├── test.py
        ├── train.py
        └── yufacedetectnet.py
```

模型的训练步骤遵循如图 8-1 所示的人脸检测项目流程图，下面展开介绍每个步骤的详细做法。

8.3.2 模型设计思想

本项目采用的模型 YuFaceDetectNet 是一个轻量级的 SSD 架构，该网络实现了多个尺度特征预测，这大大提升了小目标的检测精度，同时该网络还借鉴了 RetinaFace 回归关键点的方法，可以在回归人脸框的同时回归该人脸的五个关键点。下面通过代码实现的方式详细介绍该网络模型。

首先，定位到项目中 train.py 中模型的入口，代码如下。

```python
# 从模型定义文件中导入模型类
from yufacedetectnet import YuFaceDetectNet
# 模型输入
img_dim=160
# 加载模型
net=YuFaceDetectNet('train',img_dim)
```

然后，定位至 yufacedetectnet.py 中的 YuFaceDetectNet 类，代码如下。从 __init__、multibox 和 forward 三个模块可知，本项目采用的模型由特征提取网络和 SSD 检测头组成，特征提取网络采用类似 VGG 的直筒式结构，由多组卷积层及最大池化层完成下采样，每组卷积层由两到三个卷积模块组成 [3*3+1*1] 或 [3*3+1*1+3*3] 的组合，每个卷积模块由卷积 Conv2d、归一化 BatchNorm2d 和激活函数 ReLu 构成，即代码里的 self.model1 ~ self.model6。图像经过上述特征提取网络得到四个特征层的特征，分别是 self.model3、self.model4、self.model5 和 self.model6 层的输出，这四个层的特征通过 SSD 检测头最终输出人脸框坐标模块 loc、置信度模块 conf 和 IoU。

```python
class YuFaceDetectNet(nn.Module):
    # 定义模型所需的网络模块和预选框生成
    def __init__(self,phase,size):
        super(YuFaceDetectNet,self).__init__()
        # 训练模式还是测试模式
        self.phase=phase
        # 人脸和背景二分类
        self.num_classes=2
        # 模型输入
        self.size=size
        # 定义特征提取模型
        self.model1=Conv_2layers(3,32,16,2)
        self.model2=Conv_2layers(16,32,32,1)
        self.model3=Conv_3layers(32,64,32,64,1)
        self.model4=Conv_3layers(64,128,64,128,1)
        self.model5=Conv_3layers(128,256,128,256,1)
        self.model6=Conv_3layers(256,256,256,256,1)
        # 定义 SSD 检测头,输出人脸框坐标、置信度和 IoU
        self.loc,self.conf,self.iou=self.multibox(self.num_classes)
        # 测试模式
        if self.phase=='test':
            # 定义激活函数 softmax,当类别互斥时使用,用于将预测值压缩至 0~1 之间
            self.softmax=nn.Softmax(dim=-1)
```

```python
        # 训练模式,初始化权重,主要是Conv2d和BatchNorm2d模块
        if self.phase=='train':
            for m in self.modules():
            if isinstance(m,nn.Conv2d):
                if m.bias is not None:
                    nn.init.xavier_normal_(m.weight.data)
                    m.bias.data.fill_(0.02)
                else:
                    m.weight.data.normal_(0,0.01)
                elif isinstance(m,nn.BatchNorm2d):
                    m.weight.data.fill_(1)
                    m.bias.data.zero_()
    # 定义SSD检测头,多尺度特征预测
    def multibox(self,num_classes):
        loc_layers=[]
        conf_layers=[]
        iou_layers=[]
        # 利用特征提取网络模型提取不同层的特征,如self.model3、self.model4、self.model5和
self.model6之后,再次卷积分别预测人脸框坐标、置信度和IoU
        loc_layers+=[nn.Conv2d(self.model3.out_channels,3*14,kernel_size=3,padding=1,bias=True)]
        conf_layers+=[nn.Conv2d(self.model3.out_channels,3*num_classes,kernel_size=3,padding=1,bias=True)]
        iou_layers+=[nn.Conv2d(self.model3.out_channels,3,kernel_size=3,padding=1,bias=True)]
        loc_layers+=[nn.Conv2d(self.model4.out_channels,2*14,kernel_size=3,padding=1,bias=True)]
        conf_layers+=[nn.Conv2d(self.model4.out_channels,2*num_classes,kernel_size=3,padding=1,bias=True)]
        iou_layers+=[nn.Conv2d(self.model4.out_channels,2,kernel_size=3,padding=1,bias=True)]
        loc_layers+=[nn.Conv2d(self.model5.out_channels,2*14,kernel_size=3,padding=1,bias=True)]
        conf_layers+=[nn.Conv2d(self.model5.out_channels,2*num_classes,kernel_size=3,padding=1,bias=True)]
        iou_layers+=[nn.Conv2d(self.model5.out_channels,2,kernel_size=3,padding=1,bias=True)]
        loc_layers+=[nn.Conv2d(self.model6.out_channels,3*14,kernel_size=3,padding=1,bias=True)]
        conf_layers+=[nn.Conv2d(self.model6.out_channels,3*num_classes,kernel_size=3,padding=1,bias=True)]
```

```python
        iou_layers+=[nn.Conv2d(self.model6.out_channels,3,kernel_size=3,padding=1,bias=True)]
    returnVnn.Sequential(*loc_layers),nn.Sequential(*conf_layers),nn.Sequential(*iou_layers)
    #前向传播,即网络实现
    def forward(self,x):,
        detection_sources=list()
        loc_data=list()
        conf_data=list()
        iou_data=list()
        #提取第一输出层self.model3的特征
        x=self.model1(x)
        x=F.max_pool2d(x,2)
        x=self.model2(x)
        x=F.max_pool2d(x,2)
        x=self.model3(x)
        detection_sources.append(x)
        #提取第二输出层self.model4的特征
        x=F.max_pool2d(x,2)
        x=self.model4(x)
        detection_sources.append(x)
        #提取第三输出层self.model5的特征
        x=F.max_pool2d(x,2)
        x=self.model5(x)
        detection_sources.append(x)
        #提取第四输出层self.model6的特征
        x=F.max_pool2d(x,2)
        x=self.model6(x)
        detection_sources.append(x)
        #将上述四层输出层通过SSD检测头获取每一层的人脸框坐标、置信度和IoU
        for(x,l,c,i)in zip(detection_sources,self.loc,self.conf,self.iou):
            loc_data.append(l(x).permute(0,2,3,1).contiguous())
            conf_data.append(c(x).permute(0,2,3,1).contiguous())
            iou_data.append(i(x).permute(0,2,3,1).contiguous())
        #将每一层的人脸框坐标、置信度和IoU分别融合
        loc_data=torch.cat([o.view(o.size(0),-1)for o in loc_data],1)
        conf_data=torch.cat([o.view(o.size(0),-1)for o in conf_data],1)
        iou_data=torch.cat([o.view(o.size(0),-1)for o in iou_data],1)
        #若是测试模式,则将上述置信度通过softmax压缩至0~1之间,并将所有输出转换维度
        #若是训练模式,则直接将上述所有输出转换维度
        #人脸框坐标转换维度中loc_data.size(0)表示图像数量,14表示人脸框的两个坐标(4个值)以及五个关键点坐标(10个值),xmin、ymin、xmax、ymax、x1、y1、x2、y2、x3、y3、x4、y4、x5、y5
```

```
#置信度转换维度中conf_data.size(0)表示图像数量,self.num_classes表示背景0和人脸1
if self.phase=="test":
  output=(loc_data.view(loc_data.size(0),-1,14),
    self.softmax(conf_data.view(conf_data.size(0),-1,self.num_classes)),
    iou_data.view(iou_data.size(0),-1,1))
else:
output=(loc_data.view(loc_data.size(0),-1,14),
    conf_data.view(conf_data.size(0),-1,self.num_classes),
    iou_data.view(iou_data.size(0),-1,1))
return output
```

最后，定位到 SSD 模块的预选框生成部分，即 train.py 中的 PriorBox 类实例和 src/prior_box.py 中的 PriorBox 类实现部分。由 config.py 中的 cfg 字典中的 min_sizes 可知，libfacedetection 设置了四组锚框，为 [[10, 16, 24], [32, 48], [64, 96], [128, 192, 256]]，共有 3+2+2+3＝9 种不同尺寸的预选框。由 src.py 中的 PriorBox 类可知，每组锚框对应不同的特征层，因此共需要四个特征层来生成预选框，分别是输入图像的 1/8、1/16、1/32 和 1/64 下的特征层。由上述条件，可获取预选框生成公式为

$$priorboxs\_sum = \sum_{i=1}^{4} f_i\_w \cdot f_i\_h \cdot f_i\_num\_priors \tag{8-1}$$

式中，$priorboxs\_sum$ 为生成的预选框总数量；f_i_w 和 f_i_h 分别表示每个特征层的宽和高，即输入图像尺寸的 1/8、1/16、1/32 和 1/64 特征尺寸；$f_i\_num\_priors$ 表示每个特征层上的每一个像素所对应的预选框个数，即该特征层对应的一组锚框的尺寸。

假如图像输入宽和高为 160 和 160，由式（8-1）可得，生成的预选框总计 (160/8)×(160/8)×3+(160/16)×(160/16)×2+(160/32)×(160/32)×2+(160/64)×(160/64)×3＝1200+200+50+45＝1495 个。

```
#config.py中cfg字典,包含生成预选框所需的信息
cfg={
 'name':'YuFaceDetectNet',
 'min_sizes':[[10,16,24],[32,48],[64,96],[128,192,256]],
 'steps':[8,16,32,64],
 'variance':[0.1,0.2],
 'clip':False,
}

# train.py
#导入相关包
from config import cfg
from prior_box import PriorBox
# PriorBox 类实例
priorbox=PriorBox(cfg,image_size=(img_dim,img_dim))
```

```python
with torch.no_grad():
    # 上述类调用前向传播函数,返回所有预选框的中心点坐标和宽、高即[cx,cy,s_kx,s_ky]
    priors=priorbox.forward()
    priors=priors.to(device)
# src/prior_box.py 中 PriorBox 类实现
class PriorBox(object):
    def __init__(self,cfg,image_size=None,phase='train'):
        super(PriorBox,self).__init__()
        # cfg 中预选框生成所需信息
        self.min_sizes=cfg['min_sizes']
        self.steps=cfg['steps']
        self.clip=cfg['clip']
        self.image_size=image_size
        # 判断缩放比例是否能被 8 整除
        for ii in range(4):
            if(self.steps[ii]!=pow(2,(ii+3))):
                print("steps must be[8,16,32,64]")
                sys.exit()
        # 获取 1/8、1/16、1/32 和 1/64 输入图像宽、高,即 self.feature_map_3th ~ self.feature_map_6th,作为生成预选框所需的四个特征层宽、高
        self.feature_map_2th=[int(int((self.image_size[0]+1)/2)/2),
                int(int((self.image_size[1]+1)/2)/2)]
        self.feature_map_3th=[int(self.feature_map_2th[0]/2),
                int(self.feature_map_2th[1]/2)]
        self.feature_map_4th=[int(self.feature_map_3th[0]/2),
                int(self.feature_map_3th[1]/2)]
        self.feature_map_5th=[int(self.feature_map_4th[0]/2),
                int(self.feature_map_4th[1]/2)]
        self.feature_map_6th=[int(self.feature_map_5th[0]/2),
                int(self.feature_map_5th[1]/2)]
        # 整合四个特征层宽、高
        self.feature_maps=[self.feature_map_3th,self.feature_map_4th,
                self.feature_map_5th,self.feature_map_6th]
    # 前向传播生成预选框
    def forward(self):
        anchors=[]
        # 遍历所有特征层,此处四个特征层
        for k,f in enumerate(self.feature_maps):
            # 每个特征层对应的一组锚框
            min_sizes=self.min_sizes[k]
            # 遍历当前特征图上的所有像素,即特征图宽*高,i、j 表示像素
            for i,j in product(range(f[0]),range(f[1])):
```

```python
    # 遍历这一组锚框中的数值
    for min_size in min_sizes:
        # 获取预选框的宽和高,即将锚框数值除以图像输入尺寸,得到宽、高占比
        s_kx=min_size/self.image_size[1]
        s_ky=min_size/self.image_size[0]
        # 获取预选框的中心,首先将预选框中心移至每个cell(单元格)的中心,然后除以当前特征层的尺寸,得到中心在当前特征层上的占比。
        cx=(j+0.5)*self.steps[k]/self.image_size[1]
        cy=(i+0.5)*self.steps[k]/self.image_size[0]
        anchors+=[cx,cy,s_kx,s_ky]
# 将上述预选框list转换成tensor,然后返回
output=torch.Tensor(anchors).view(-1,4)
if self.clip:
    output.clamp_(max=1,min=0)
return output
```

8.3.3 数据集制作和加载

1. 数据集制作

通过 8.1 节介绍的素材采集和标注操作，得到了一批原始数据集，现在需要将原始数据集制作成训练时数据集加载所需的文件 img_list.txt，该文件每一行保存一张图片路径和对应的 xml 标签文件路径信息，并以空格分开，注意文件名不能有空格，路径信息由两部分组成，并以符号"_"连接，"_"之前为该图片或标签所属文件夹名，之后为该图片或标签真实名称。根据 WIDER_FACE_rect 数据集制作成的 img_list.txt 内容如下。

```
0--Parade_0_Parade_marchingband_1_849.jpg 0--Parade_0_Parade_marchingband_1_849.xml
0--Parade_0_Parade_Parade_0_904.jpg 0--Parade_0_Parade_Parade_0_904.xml
0--Parade_0_Parade_marchingband_1_799.jpg 0--Parade_0_Parade_marchingband_1_799.xml
```

以第一行为例，图片路径信息为 0--Parade_0_Parade_marchingband_1_849.jpg，标签路径信息为 0--Parade_0_Parade_marchingband_1_849.xml，中间用空格分开，两者路径信息 0--Parade_0_Parade_marchingband_1_849 由两部分组成，并以符号"_"连接，其中 0--Parade 是该图片和标签所属的文件夹，0_Parade_marchingband_1_849.jpg 为该文件夹下一张图片的名称，具体的图片路径为 WIDER_FACE_rect/images/0--Parade/0_Parade_marchingband_1_849.jpg，标签路径为 WIDER_FACE_rect/annotations/0--Parade/0_Parade_marchingband_1_849.xml，该路径将由后续数据集加载部分获取。

现在使用 make_data_list.py 中的如下代码将数据集制作成 img_list.txt，如果公开数据集中已生成该文件，可忽略此操作。

```
# 导入包
import os
# 存放图片和标签的相对或绝对路径
image_path='/xxx/WIDER_FACE_rect/images'
xml_path=  '/xxx/WIDER_FACE_rect/annotations'
# 获取所有存放图片的文件夹名称
image_file_list=os.listdir(image_path)
# 在 WIDDER_FACE_rect 文件夹下新建 img_list.txt 文件,用于存放图片和标签路径信息
with open('/xxx/WIDER_FACE_rec/img_list.txt','w') as f:
    # 遍历所有存放图片的文件夹
    for image_file in image_file_list:
        # 获取当前文件夹下所有的图片
        image_name_list=os.listdir(os.path.join(image_path,image_file))
        # 遍历当前文件夹下的所有图片
        for image_name in image_name_list:
            if image_name.split('.')[-1]=='jpg':
                image=os.path.join(image_file,image_name)
                xml=image_name.split('.jp')[0]+'.xml'
                xml_path_=os.path.join(xml_path,xml)
                if os.path.exists(xml_path_):
                    f.write(image+','+xml+'\n')
```

2. 数据集加载

根据数据集制作过程获取数据集文件 img_list.txt 后,在训练时需要对 img_list.txt 包含的所有图片和标签进行加载,即根据设置的数据集目录和 img_list.txt 文件,对数据集进行解析。解析模块包括 xml 转换、图像增强和裁剪等,代码如下。

```
dataset_rect=FaceRectLMDataset(training_face_rect_dir,img_dim,rgb_mean)
```

使用 PyTorch 数据加载模块加载数据,输出是一个以批次为单位的字典,代码如下。

```
train_loader=torch.utilis.data.DataLoader(
        dataset=dataset,
        batch_size=batch_size,
        collate_fn=detection_collate,
        shuffle=True,
        num_workers=num_workers,
        pin_memory=False,
        drop_last=True,
        )
```

读入 PyTorch 数据加载结果,以批次为单位,将数据送入网络模型,得到网络模型推理

结果，代码如下。

```
for iter_idx,one_batch_data in enumerate(train_loader)
    images,targets=one_batch_data
    out=net(images)
```

8.3.4 训练

1）参数设置如下。

```
'--training_face_rect_dir'
'--training_face_landmark_dir'
'-b','--batch_size'
'--num_workers'
'--gpu_ids'
'--lr','--learning-rate'
'--momentum'
'--resume_net'
'--resume_epoch'
'-max','--max_epoch'
'--weight_decay'
'--gamma'
'--weight_filename_prefix'
'--lambda_bbox'
'--lambda_iouhead'
```

2）优化器和损失函数定义如下。

```
optimizer = optim.SGD(net.parameters(),lr = args.lr,momentum = momentum,weight_decay=weight_decay)
criterion=MultiBoxLoss(num_classes,0.35,True,0,True,3,0.35,False,False)

# 不同部分的损失
loss_l,loss_lm,loss_c,loss_iou=criterion(out,priors,targets)

# 误差反向传播
optimizer.zero_grad()
loss.backward()
optimizer.step()
```

3）训练。完成参数设置后，就可以训练了。训练脚本 train.sh 如下。

```
python train.py  --gamma 0.1  --gpu_ids  0,1,2
```

可以在脚本中适当增加定制参数，代码如下。

```
nohup train.sh &
```

4）保存模型，见 train.py 中的相关代码。

5）测试，代码如下。

```
python detect.py -m weights/yunet_final.pth --image_file=test.jpg
```

测试所需源图片如图 8-4 所示，其推理结果如图 8-5 所示。

图 8-4　源图片

图 8-5　推理结果

6）结果评估，代码如下。

```
python test.py -m weights/yunet_final.pth
```

8.4　模型量化

8.4.1　ONNX 转换

ONNX 转换代码如下。

```
# 从 pth 文件加载模型
# 使用 Torch 的 ONNX 模块导出 ONNX 模型
weights = "weights/yunet_final.pth"
file = weights.replace('.pt','.onnx')
torch.onnx.export(model,img,file,verbose=False,opset_version=11,input_names=['images'],
            dynamic_axes={'images': {0:'batch',2:'height',3:'width'},
            'output': {0:'batch',2:'y',3:'x'}} if opt.dynamic else None)
# 检查
```

```
import onnx
model_onnx=onnx.load(f)
onnx.checker.check_model(model_onnx)
# 简化
import onnxsim
model_onnx,check=onnxsim.simplify(model_onnx,dynamic_input_shape=opt.dynamic,
input_shapes={'images': list(img.shape)} if opt.dynamic else None)
onnx.save(model_onnx,file)
```

ONNX 转 RKNN 代码如下。

```
# 创建 RKNN 对象
rknn=RKNN()
# 预处理配置
rknn.config(channel_mean_value='0.0 0.0 0.0 1.0',reorder_channel='2 0 1',target_platform=target_platform_str)
# 加载 ONNX 模型
ret=rknn.load_onnx(model='weights/yunet_final.onnx')
# 构建模型
ret=rknn.build(do_quantization=True,dataset='./dataset300_192.txt',pre_compile=True)
# 输出 RKNN 模型
ret=rknn.export_rknn('./face_det.rknn')
# 释放资源
rknn.release()
```

最终生成的模型文件如图 8-6 所示。

图 8-6 模型文件

8.4.2 RKNN 转换及测试

RKNN 转换及测试代码如下。

```
import rknn
# Set inputs
img=cv2.imread('./cat_224x224.jpg')
img=cv2.cvtColor(img,cv2.COLOR_BGR2RGB)
print('--> Init runtime environment')
ret=rknn.init_runtime()
if ret!=0:
```

```
        print('Init runtime environment failed')
        exit(ret)
print('done')

# 推理
print('--> Running model')
outputs=rknn.inference(inputs=[img])
show_outputs(outputs)
print('done')

# Perf 性能测试
print('--> Begin evaluate model performance')
perf_results=rknn.eval_perf(inputs=[img])
print('done')
```

8.5 源码解析

1)网络模型推理代码如下。

```
int SSDProc::run (char * inDataOrgRgb888,int orgImgW,int orgImgH,unsigned char *
              inData,int imgW,int imgH,int imgC)
{
LOGI(TAG "start run");
  mVideoPrint.printFps(const_cast<char * >("Video:"));

  mDetBBoxes.clear();

  SSD_DATA * data=new SSD_DATA;
  cv::Mat img=cv::Mat(orgImgH,orgImgW,CV_8UC3,(void * )inDataOrgRgb888);
  data->img=img;

  OutputData outputData;
  outputData.net=mSSD;
  outputData.runPara=data;
  outputData.uuid=get_time_ms();
  outputData.isOwnRunPara=1;

  int ret=mSSD->run(inData,imgW,imgH,imgC,&outputData);
  if (ret)
  {
```

```
    LOGW(TAG "ssd run failed\n");
    return-1;
}

if (mSync)
{
    printf("SYNC process !!! \n");
    DetctionOutput(outputData);
    ClearBuffer(outputData);
}
}
```

这部分代码的主要功能是获得推理和后处理的结果,并实时回调给再上一层的代码。

2) 后处理代码如下。

```
int SSDProc::DetctionOutput(OutputData &data)
{
    LOGW(TAG "test..");

    mDetectionOutput.printFps((char *)"Detection fps:");
    float * predictions=data.output0;
    float * outputClasses=data.output1;

    decodeCenterSizeBoxes(predictions,mBoxPriors);
    int * output[3];
    for (int i=0;i<3;i++)
    {
        output[i]=(int *)malloc(NUM_RESULTS * sizeof(int));
    }

    int validCount=scaleToInputSize(outputClasses,(int * *)output,NUM_CLASSES);

    nms(validCount,predictions,(int * *)output);

    mBBoxes.clear();

    for (int i=0;i<validCount;++i)
    {
        if (output[0][i]==-1)
        {
            continue;
        }
```

```
            int n=output[0][i];
            int toPClassScoreIndex=output[1][i];
            float score=(float)output[2][i]/10000;

            BBox box;
            box.x1_rate=predictions[n*4+0];
            box.y1_rate=predictions[n*4+1];
            box.x2_rate=predictions[n*4+2];
            box.y2_rate=predictions[n*4+3];
            strcpy(box.label,mLabels[toPClassScoreIndex].c_str());
            box.obj_class=toPClassScoreIndex;
            box.score=score;
            mBBoxes.push_back(box);
        }

        if (mCallback)
        {
            mCallback->OnSSDResult(mBBoxes,mCallbackPara);
        }

        for (int i=0;i<3;i++)
        {
            if(output[i]!=NULL)
                free(output[i]);
            output[i]=NULL;
        }
        // printf("free-----%d\n",__LINE__);

        return 0;
}
```

处理结果数据要经过两层回调函数,最终回调给主程序。

第一层是 OnSSDResult,回调了网络模型推理得到的坐标、类别和分数,具体见后处理代码的后半部分。

第二层是 OnFaceCallback,将检测结果通过换算关系映射到源图片上,并将映射后的结果保存到 faceRes 中,代码如下。

```
void FaceProc::OnSSDResult(std::vector<BBox>& boxes,void*para)
{
    clear_bsd_result(bsdRes);

    printf(TAG "callback size:%ld\n",boxes.size());
```

```cpp
    int track_num_input=0;
    for(int i=0;i<boxes.size();i++)
    {
        float disp_w=(float)disp_virtual_width*(float)mSrcCfg.rect.w/(float)mCameraWidth;
        float disp_h=(float)disp_virtual_height*(float)mSrcCfg.rect.h/(float)mCameraHeight;

        int x1=(int)(boxes[i].x1_rate*disp_w+(disp_virtual_width-disp_w)/2);
        int y1=(int)(boxes[i].y1_rate*disp_h+(disp_virtual_height-disp_h)/2);
        int x2=(int)(boxes[i].x2_rate*disp_w+(disp_virtual_width-disp_w)/2);
        int y2=(int)(boxes[i].y2_rate*disp_h+(disp_virtual_height-disp_h)/2);
        if(x1 < 0) x1=0;
        if(y1 < 0) y1=0;
        if(x2>disp_virtual_width) x2=disp_virtual_width;
        if(y2>disp_virtual_height) y2=disp_virtual_height;

        BSDData *data=new BSDData();
        data->score=(int)(boxes[i].score*10000);
        strcpy(data->label,boxes[i].label);
        data->label_index=boxes[i].obj_class;
        data->box.left=x1;
        data->box.top=y1;
        data->box.right=x2;
        data->box.bottom=y2;
        data->timestamp_ms=get_time_ms();
        bsdRes.push_back(data);
    }

    printf(TAG "face size:%ld\n",faceRes.size());

    if(mCallback)
        mCallback->OnFaceCallback(faceRes);
}
```

3）视频处理代码如下。

```cpp
void FaceProc::video_process(void *data,int width,int height,bool fromCamera)
{
    long long start_time_all;
        start_time_all=get_time_ms();
```

```
if(mCallback)
    mCallback->OnCameraCallback(data,width,height,fromCamera);

unsigned char * rgb888Out=NULL;
if(mEnable)
{
    bool rga_src_direct=false;
    if(mCameraType==CameraTypeMipi)
        rga_src_direct=true;

    long long start_time,end_time;
    if(1)
        start_time=get_time_ms();
     if (mRga && mRga->RgaBlit((unsigned char *)data,width * height * 3/2,
                        &rgb888Out,rga_src_direct) < 0)
    {
    printf("mCropScale:%f\n",mCropScale);
    LOGE(TAG "rga blit failed,src w:%d,h:%d,fmt:0x%x,rect[w:%d,h:%d,x:%d,
       y:%d]\ndst w:%d,h:%d,fmt:0x%x\n",
            mSrcCfg.width, mSrcCfg.height, mSrcCfg.format, mSrcCfg.rect.w,
            mSrcCfg.rect.h,mSrcCfg.rect.x,mSrcCfg.rect.y,
        mDstCfg.width,mDstCfg.height,mDstCfg.format);
    return;
}

if(1)
{
    end_time=get_time_ms();
    printf("rga cost time:%lldms\n",end_time-start_time);
}


unsigned char * rgb888_org_out=NULL;
if (mRgaFmt && mRgaFmt->RgaBlit((unsigned char *)data,width * height * 3/2,
&rgb888_org_out,rga_src_direct) < 0)
{
    LOGE(TAG "rga fmt blit failed\n");
    return;
}

if(1)
    start_time=get_time_ms();
```

```
if(mNet && mNet->IsInited())
    mNet->run((char *)rgb888Out,bsd_proc_width,bsd_proc_height,rgb888Out,bsd
        _proc_width,bsd_proc_height,3);

    if(1)
    {
        end_time=get_time_ms();
        printf("net cost time:%lldms\n",end_time-start_time);
        printf("all cost time:%lldms\n",end_time-start_time_all);
    }
}
}

void FaceProc::OnCameraCallback(void * data,int width,int height)
{
    video_process(data,width,height,true);
}
```

该部分代码主要从摄像头处理库的回调中更新数据，并使用 CNN 处理库进行推理。

8.6 项目部署

8.6.1 编译环境

1. 操作系统

Linux 内核版本为 5.13.0-30-generic，使用 Ubuntu 20.04.1 LTS 操作系统，硬件架构为 x86_64。

2. 编译器

编译器使用 GCC-Linaro-6.3.1-2017.05-x86_64_aarch64-Linux-GNU，需要提前加入到系统的环境变量中。

加入环境变量的步骤如下。

1) 转到根目录下：cd tools/rk1808/prebuilts/gcc/linux-x86/aarch64/gcc-linaro-6.3.1-2017.05-x86_64_aarch64-linux-gnu/bin/。

2) 输出当前工作目录：pwd。

3) 复制 pwd 输出地址。

4) 使用 VI 编辑器打开用户的 Bash shell 配置文件 ~/.bashrc：vi ~/.bashrc。

5) 在 .bashrc 文件最后增加内容 "export PATH=$PATH：XXX"，其中 XXX 为复制的

pwd 地址

6）保存退出，依次输入<ESC><:><w+q>和<Enter>。

验证环境变量是否设置成功，代码如下。

```
aarch64-linux-gnu-gcc-version
```

若设置成功，会有类似如图 8-7 所示的信息输出。

```
aarch64-linux-gnu-gcc (Linaro GCC 6.3-2017.05) 6.3.1 20170404
Copyright (C) 2016 Free Software Foundation, Inc.
This is free software; see the source for copying conditions.  There is NO
warranty; not even for MERCHANTABILITY or FITNESS FOR A PARTICULAR PURPOSE.
```

图 8-7　信息输出

8.6.2　基础库准备

首先，编译算法部署所需要的基础库。之所以被称为基础库，是因为这些模块对于不同的算法一般不用修改。

部署所需的库如下。

```
├── libcamera_hq.so           //摄像头处理库
├── libffmpeg_dec_lib.so      //视频解码库，使用 FFmpeg 软件
├── libhq_rknn.so             //模型处理库，包括初始化、推理等
├── liblog_hq.so              //日志库，实际上是封装的 SPDLog 库。有关 SPDLog 可以参考
│                               https://github.com/gabime/spdlog
├── libobject_det.so          //目标检测后处理库
├── librga_hq.so              //RGA(瑞芯微的图形加速单元)库
└── libvideo_source.so        //视频源处理
```

8.6.3　测试程序部署

测试程序的源码目录如下。

```
libfacedetection_rknn
    ├── CMakeLists.txt
    ├── lib
    │   ├── CMakeLists.txt
    │   ├── face_cnn_interface.h
    │   ├── face_cnn_proc.cpp
    │   ├── face_cnn_proc.h
    │   ├── globle.cpp
    │   └── globle.h
    └── proc
```

```
├── CMakeLists.txt
├── face_proc.cpp
├── face_proc.h
├── face_proc_interface.h
└── main.cpp
```

编译步骤如下。

```
mkdir build
cd build
cmake -DTARGET_SDK=sdk_rk1808 ..
make -j8
make install
```

编译完成后，可以得到如下两个库和一个二进制文件。

```
├── bin
│   └── face_proc_test
└── lib
    ├── libface_hq_rknn.so
    └── libface_proc.so
```

测试程序的接口调用关系图如图 8-8 所示。

整个测试程序的流程主要包括初始化、网络模型推理和上层处理三步。

1）初始化。

```
face->Init(new MyBSD,cam_device,
           model,
           priorbox,
           cam_type,
           cam_width,cam_height,
           crop_scale_rate,bsync,
           cnn_input_size,true)
```

在初始化接口中，主要完成了 CNN 的初始化，即读取模型和预选框，为接下来的推理部分做准备。视频/摄像头解码库和 RGA 的初始化，对于 RGA 来说主要就是设置输入、输出源格式、尺寸等配置。值得注意的是，第一个函数是回调函数，它在检测过程中起到的作用至关重要。

以视频文件输入为例，视频解码库将解码单帧视频，通过回调函数将解码结果传递给人脸推理库，人脸推理库利用基础模型推理库推理出结果，又通过回调函数将结果传递给人脸处理程序，最终利用 MiniGUI 接口绘制到屏幕上，或者以图片形式输出到本地保存。

2）网络模型推理。

在初始化中，定义了继承自 FaceCallback 的回调类。该回调类主要包含两个回调函数：

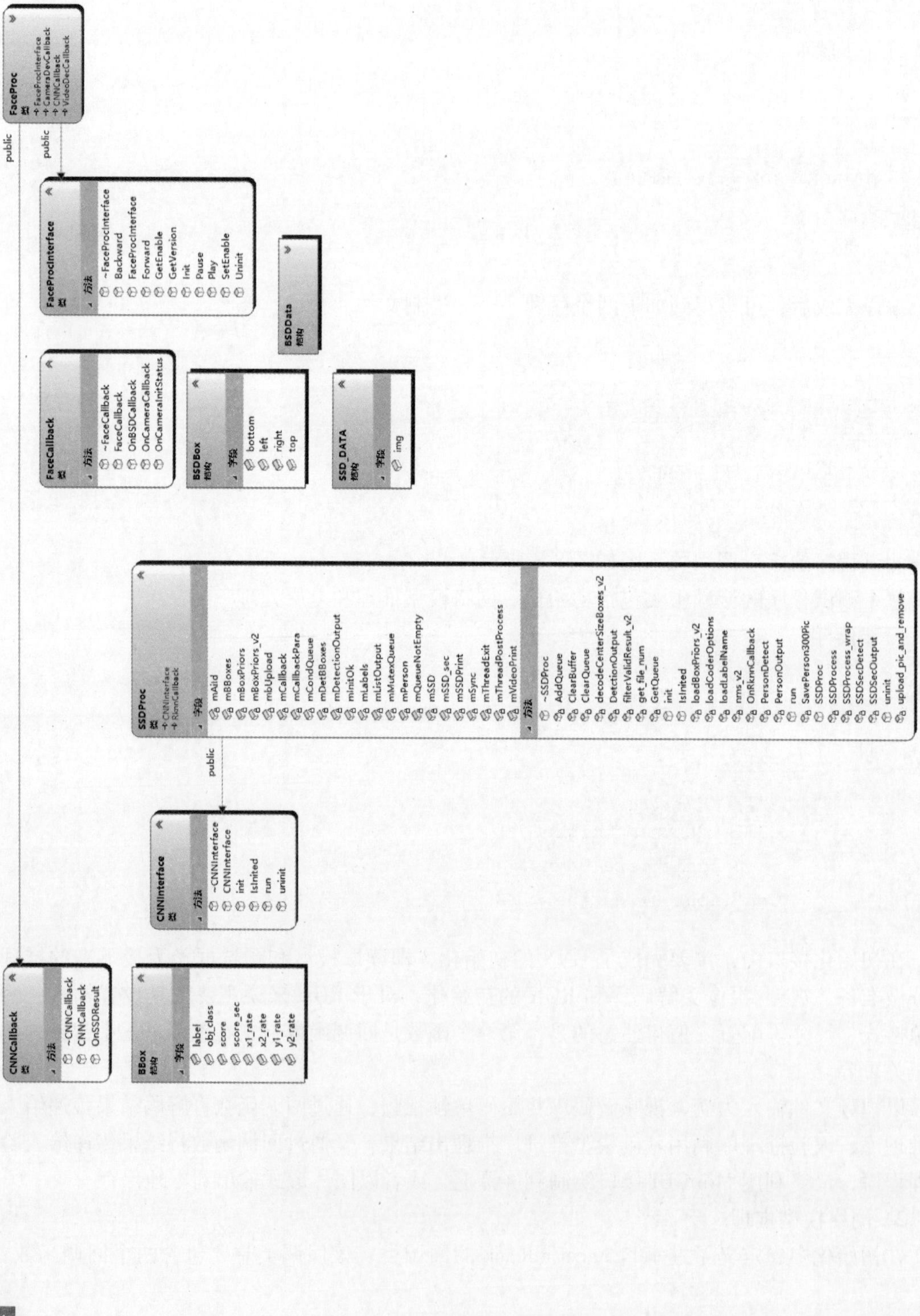
FaceProc
类
FaceProcInterface
CameraDevCallback
CNNCallback
VideoDecCallback
public
public
FaceProcInterface
类
方法
~FaceProcInterface
Backward
FaceProcInterface
Forward
GetEnable
GetVersion
Init
Pause
Play
SetEnable
Uninit
BSDData
结构
FaceCallback
类
方法
~FaceCallback
FaceCallback
OnBSDCallback
OnCameraCallback
OnCameraInitStatus
BSDBox
结构
字段
bottom
left
right
top
SSD_DATA
结构
字段
img
SSDProc
类
CNNInterface
RknnCallback
字段
mAiid
mBBoxes
mBoxPriors
mBoxPriors_v2
mbUpload
mCallback
mCallbackPara
mCondQueue
mDetBBoxes
mDetectionOutput
minitOk
mLabels
mListOutput
mMutexQueue
mPerson
mQueueNotEmpty
mSSD
mSSD_sec
mSSDPrint
mSync
mThreadExit
mThreadPostProcess
mVideoPrint
方法
~SSDProc
AddQueue
ClearBuffer
ClearQueue
decodeCenterSizeBoxes_v2
DetctionOutput
filterValidResult_v2
get_file_num
GetQueue
init
IsInited
loadBoxPriors_v2
loadCoderOptions
loadLabelName
nms_v2
OnRknnCallback
PersonDetect
PersonOutput
run
SavePerson300Pic
SSDProc
SSDProcess
SSDProcess_wrap
SSDSecDetect
SSDSecOutput
uninit
upload_pic_and_remove
public
CNNInterface
类
方法
~CNNInterface
CNNInterface
init
IsInited
run
uninit
CNNCallback
类
方法
~CNNCallback
CNNCallback
OnSSDResult
BBox
结构
字段
label
obj_class
score
score_sec
x1_rate
x2_rate
y1_rate
y2_rate

图 8-8 接口调用关系图

从摄像头/视频源获取数据的回调函数和从网络模型推理模块获取推理结果的回调函数，前者不断更新待处理的数据，反映到视频上就是逐帧读取并传递图片；后者则分两步获取检测数据，首先通过 OnSSDResult 获取检测到的矩形框数据，然后经过后处理，通过 OnFaceCallback 获取最终检测到的结果。

3）上层处理。

通过网络模型推理已经在最外层的回调函数中得到了结果数据，结果数据中包含矩形框、置信度、标签等必要信息（即结构体 BSDData 中包含的信息）。通过 MiniGUI 可以将这些信息显示在屏幕上，通过 OpenCV 接口可以将检测结果写入图片。

需要注意的是，上面只是对整个程序的逻辑做了简单的梳理，还有如传递参数、MiniGUI 显示和图片保存等功能，需要在实践中不断修改程序才能达到熟练地修改和使用。

8.6.4 板上测试

通过 ADB 或者 SSH 文件传输，将上一节中编译的库和二进制文件传到设备中，接着为二进制文件加入参数，执行程序，代码如下。

```
./face_proc_test-d xxx.mp4    //本程序中测试的视频单帧大小为1080P,即1920*1080
```

输出检测指标。各个模块的耗时及 FPS 反映了程序的检测速度，CPU 和内存占用则反映了程序耗费的硬件资源，输出结果如图 8-9 所示。

```
rga cost time:4ms
[         Video:  ]CPU:62.24%, MemTotal:1998.863281M, MemFree:1694.824219M, FPS:21
net cost time:1ms
all cost time:16ms
[       BSD fps:  ]CPU:62.24%, MemTotal:1998.863281M, MemFree:1694.824219M, FPS:21
[ Detection fps:  ]CPU:62.26%, MemTotal:1998.863281M, MemFree:1694.824219M, FPS:21
```

图 8-9　输出结果

检测结果可视化，如图 8-10 所示。

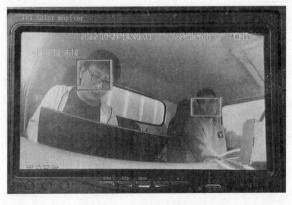

图 8-10　检测结果可视化

8.7 课后习题

1）什么是人脸检测?
2）人脸检测有哪些方法?
3）描述一个人脸检测系统,包括其组成部分、工作流程和主要挑战。
4）讨论在人脸检测中如何处理多个人脸的情况。

程序代码

参 考 文 献

［1］李德毅，于剑，中国人工智能学会. 人工智能导论［M］. 北京：中国科学技术出版社，2018.

［2］罗素，诺维格. 人工智能：现代方法：4版［M］. 张博雅，陈坤，田超，等译. 北京：人民邮电出版社，2023.

［3］李航. 机器学习方法［M］. 北京：清华大学出版社，2022.

［4］周志华. 机器学习［M］. 北京：清华大学出版社，2016.

［5］古德费洛，本吉奥，库维尔. 深度学习［M］. 赵申剑，黎彧君，符天凡，等译. 北京：人民邮电出版社，2017.

［6］史蒂文斯，安蒂加，菲曼. PyTorch深度学习实战［M］. 牟大恩，译. 北京：人民邮电出版社，2022.

［7］龙良曲. TensorFlow深度学习：深入理解人工智能算法设计［M］. 北京：清华大学出版社，2020.

［8］KRIZHEVSKY A, SUTSKEVER I, HINTON G E. Imagenet classification with deep convolutional neural networks［J］. Communications of the ACM, 2017, 60（6）：84-90.

［9］BADRINARAYANAN V, KENDALL A, CIPOLLA R. Segnet: A deep convolutional encoder-decoder architecture for image segmentation［J］. IEEE transactions on pattern analysis and machine intelligence, 2017, 39（12）：2481-2495.

［10］IOFFE S, SZEGEDY C. Batch normalization: accelerating deep network training by reducing internal covariate shift［C］//International conference on machine learning, 2015：448-456.

［11］TANG J, LI S, LIU P. A review of lane detection methods based on deep learning［J］. Pattern recognition, 2021, 111：107623.

［12］HE K M, ZHANG X Y, REN S Q, et al. Deep residual learning for image recognition［C］//IEEE conference on computer vision and pattern recognition, 2016：770-778.

［13］GOODFELLOW I, POUGET-ABADIE J, MIRZA M, et al. Generative adversarial networks［J］. Communications of the ACM, 2020, 63（11）：139-144.

［14］LONG J, SHELHAMER E, DARRELL T. Fully convolutional networks for semantic segmentation［C］//IEEE conference on computer vision and pattern recognition, 2015：3431-3440.

［15］LECUN Y, BENGIO Y, HINTON G. Deep learning［J］. Nature, 2015, 521：436-444.

［16］ALZUBAIDI L, ZHANG J L, HUMAIDI A J, et al. Review of deep learning: concepts, CNN architectures, challenges, applications, future directions［J］. Journal of big data, 2021, 8：1-74.

［17］WANG J D, SUN K, CHENG T H, et al. Deep high-resolution representation learning for visual recognition［J］. IEEE transactions on pattern analysis and machine intelligence, 2021, 43（10）：3349-3364.

［18］ZHENG S X, LU J C, ZHAO H S, et al. Rethinking semantic segmentation from a sequence-to-sequence perspective with transformers［C］//IEEE conference on computer vision and pattern recognition, 2021：6881-6890.

［19］MINAEE S, BOYKOV Y, PORIKLI F, et al. Image segmentation using deep learning: a survey［J］. IEEE transactions on pattern analysis and machine intelligence, 2022, 44（7）：3523-3542.

［20］KIRANYAZ S, AVCI O, ABDELJABER O, et al. 1D convolutional neural networks and applications: a survey［J］. Mechanical systems and signal processing, 2021, 151：107398.

［21］WANG Z H, CHEN J, HOI S C H. Deep learning for image super-resolution: A survey［J］. IEEE transactions on pattern analysis and machine intelligence, 2021, 43（10）：3365-3387.

［22］SARKER I H. Machine learning: algorithms, real-world applications and research directions［J］. SN com-

puter science, 2021, 2 (3): 160.
[23] YE M, SHEN J B, LIN G J, et al. Deep learning for person re-identification: A survey and outlook [J]. IEEE transactions on pattern analysis and machine intelligence, 2022, 44 (6): 2872-2893.
[24] LINARDATOS P, PAPASTEFANOPOULOS V, KOTSIANTIS S. Explainable AI: a review of machine learning interpretability methods [J]. Entropy, 2020, 23 (1): 18.